U0162243

科技故事丛书

现代基础物理的神奇之旅

离开地球

[捷克]马丁·索多姆卡 著

刘勇 译

湖南科学技术出版社

长沙

我们可以肯定的是：

物质是一种假象

$1+1=1$

时间不存在

序　幕

　　他是第五个被选中的。不久，他们将跨入大门，走进历史。圆圈上方的金色球体闪闪发光，把五个一动不动的利昂（作者杜撰的词，意为"星际飞行员"）罩在其中。球体门变得越来越大，宛如一滴巨大的金属液体。通道徐徐展现，一眼望不到尽头。第五个人不再害怕，紧张不安的情绪已经消失。他是最后一个迈进去的，刚迈出两步。

　　"再见，我的故乡瑞域。"

1

第一部分：物　质

　　"别对我说今天我们班那个新来的孩子精神正常。依我看，他肯定是从哪个精神病院跑出来的。他叫什么名字来着？"

　　"丹尼尔·鲁宾。乌雷，我不明白你为什么那么刻薄。你刚来的时候，看上去也不怎么出众！"一个身材苗条、声音低沉悦耳的女同学反唇相讥道。

　　乌雷是一个身材瘦弱、肤色白皙、满头金发的男生，嘴里在嘟哝着什么，希望没有人注意到自己的面颊已经涨得通红。

　　"再见，朋友。我得走了，"这一群人中第三个是男生，眼珠乌黑，头发浓密蓬乱，"今晚在棚屋见。"

　　"柯基！别忘了把图纸带去！"乌雷冲着他喊道。

　　以上介绍的就是故事中即将登场的五个主要人物。等一下，不够五个！的确，我们只提到了四个。别急，第五号人物正在后面的内容里耐心等待——实际上，已经等了很长时间。然而，这个故事开始于几个星期以前，还是让我们从头说起。

本书白色页面讲述的内容只不过是科幻故事，然而，在黑色页面，我们将要探索事物的本质。寻求关于我们周围世界的真理，是物理学的终极目标。这项任务极其艰难：你回答的问题越多，就会有更多的问题等着你。你还需要明白一点：这一目标可能永远无法实现。

原 子

幸运的是，物理学家对某些问题已经找到了明确答案。例如，他们知道，物质世界是由原子构成的。原子由质子、中子和电子构成，其中，质子和中子构成原子核，电子以一定的能量围绕原子核转动。质子和中子都是由更小的粒子"夸克"构成。它们的关系如下图所示。然而，你用不着观察那么仔细，因为原子实际上并非那个样子。要想了解原

子究竟有多小，我们最好利用类比的方法。因此，你需要充分发挥自己的想象力，本书中，很多地方都要用到想象力。试想一下，如果说一个原子占据的空间有体育馆那么大，那么原子核就相当于大头针的针头。电子的尺寸更难描述，但是，实验表明，它比原子核还要小几个数量级。你可能会问：为什么要详细讨论它们的尺寸？我们不厌其烦，只是为了强调一个有趣的事实，即，物质虽然很大、很空、很快，却并不存在。其他科学观察也证实了这一点。中微子是一种尺寸跟电子相当的粒子，它能够穿过地球，而不与其他粒子碰撞。等它的能量燃尽后，一颗尺寸等于太阳10倍的恒星会变成所谓的中子星，直径仅为10千米。假如我们能从中子掰下如方糖大小的一块，其重量足有珠穆朗玛峰（地球上最高的山峰）那么重。也许，只有这种物质才能真正被称为"物质"。

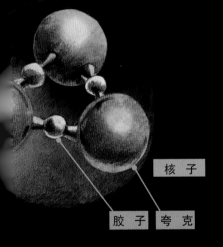

核子

胶子　夸克

"核子"一词通常被用来指代中子和质子。核子由3个夸克构成，为胶子的粒子提供作用力，把核子以及整个原子核束缚在一起。

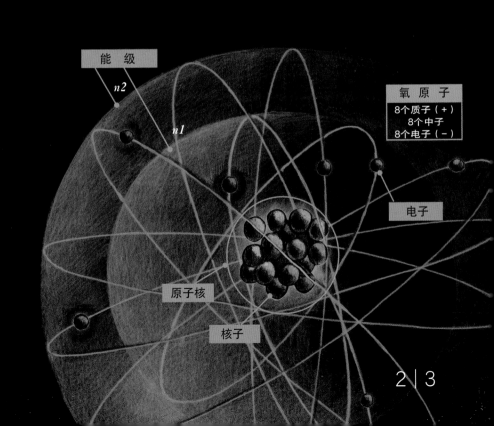

能 级

n2

n1

氧 原 子
8个质子（＋）
8个中子
8个电子（－）

电子

原子核

核子

在一圈黑色尖桩篱栅里面有一栋带花园的小房屋，房屋周围杂草丛生，果树茂密。这块无人照料的土地是份地花园（份地花园，城市郊区可供市民租种的土地，分成若干份，四周有围栏相隔）的一部分，它位于一条公路与一条铁路之间，看上去很不起眼。这个地方位置奇特，却有一个很大的好处：花园的主人从市中心步行到这里只需很短时间，他们无须长途奔波，就能享受到惬意的乡村生活。

这栋房屋属于柯基的父母。几年前，他们离了婚，房屋留给了柯基母亲，她没时间照料，也没心思照料。柯基和朋友乌雷决定接手并把它当作俱乐部时，房屋已经因年久而失修。破败的情况并没因为他们接手而有丝毫改观。他们把这栋房屋叫作"棚屋"，没有动一根手指头加以修缮。他们的兴趣和计划不在小屋本身。

从小时候起，柯基和乌雷有一个共同的爱好——太空。他们建造飞船模型，如饥似渴地阅读科幻小说以及该领域专家们撰写的著作。他们能够辨认出夜空中的每一个星座。初中毕业后，他们俩决定一起报考著名的数学和物理学校。令他们欣喜若狂的是，经过一套严格的招生流程，两人都被录取了。

然而，他们进了数学和物理学校后，对太空和航天学的热情有些消减。当然，刚开始，他们需要花费很多时间学习新的学科。但是，老师对学生要求非常严格，直接从微积分、相对论和量子力学讲起。热情消减的另一个原因在于，他们周围有一些女生。由于某种说不清的原因，他们突然变得不再顽皮淘气，似乎在浪费光阴。虽然柯基和乌雷还去棚屋，在那里设计能够飞往火星的火箭，但是他们的研究方向往往跑偏，结果变成探索异性的秘密。

在他们班里，有一个名叫露西的女生，别人都喊她"胡琪"（Hooky，本意为钩状的）。尽管她的鹰钩鼻令人敬而远之，但是他们两人从第一眼就喜欢上了她。她很漂亮，然而，她不只是容貌昳丽，还有着某种特殊的气质。她也不是一朵娇弱的花朵。很多女孩子对这么一个不雅的绰号可能感到很生气，而她却毫不介意。乌雷和柯基对飞向太空毫不畏惧，然而，他们却没有勇气去接近像胡琪这样的女孩。幸运的是，机会来了。

"明天晚上，国家研究局的施密特教授要给高年级学生举办一场关于火箭发动机的演讲，你们一年级新生有感兴趣的吗？"班主任问道。三个人同时举起了手，除了他俩，另一个正是胡琪。下课后，胡琪径直来到他们课桌前，问道："你们对飞船感兴趣，是吗？"

"可以这么说。"乌雷回答。

"我们正在研制能够飞向火星的火箭。"柯基加了一句。胡琪打量了他们一番，接着问了一个问题。

"我能看看你们的方案吗？"

两天后，刚一放学，柯基和乌雷就把胡琪带到棚屋，向她展示他们迄今为止的研究成果。三人走过花园，两个原本话多的男生默默走在前头，胡琪也默默无语，似乎也不打算聊点什么。因为是工作日，花园空寂寥落，只有一位老人在漫不经心地锄草。很快，他们来到棚屋，柯基把门打开。胡琪丝毫没有在意眼前凌乱不堪的景象，她只是在进门的时候轻轻表示了谢意。

"这是整个结构的图纸。火箭是三级机构，这是着陆舱。"乌雷把一大张纸铺在桌子上，说道。

"最难的问题不是如何到达火星，"柯基说，"问题在于如何返回地球。这是因为，为了让飞船返回地球，就需要携带大量燃料。"

"一种办法是，在火星上直接制造新燃料，"乌雷接着说，"几天来，我们一直在考虑这个方案。"

胡琪倾耳细听，并认真研究图纸。过了好一会，她说："我得承认这些令人印象深刻。不过，我有话要说。"

乌雷看了胡琪一眼，示意她说下去。

"即使将来有人能造出你们设计的火箭，旅途漫漫，航天员在飞船的狭小空间里待那么久时间，等飞抵火星，肯定早就精疲力竭了。还有，就算他们能够设法着陆，一切顺利，然后呢？等待那些可怜人的是什么？一大堆冰冻的红色岩石，那里只有这个！"

柯基性情急躁。听到胡琪如此评价他们的研究成果，他勃然大怒。

"你到这里来，就是为了取笑我们？"他怒气冲冲地说道。

"等一下，别着急！"胡琪说，显然她没想到柯基会如此愤怒，"我的确喜欢你们的设计。我想问，太空旅行的目的是什么？你们懂我的意思——目的何在？"

"什么目的，你这话什么意思？"柯基哼了一声。

"听着，"胡琪说，"在银河系，几乎可以肯定没有其他高等生物。除了地球，没有其他地方适合生命存在。当然，在土星的卫星表层下面，可能存在一些微生物。因此，我想要搞清楚宇宙中其他地方的生命究竟是什么样子。我想要看看完全不同的世界，而不止局限于眼前。"

"还没有人能够造出那样的飞船，人类的技术还没发展到那一步。"乌雷反驳道。

"你们说在火星上制造燃料，这种想法也不切实际。毕竟，我们谈论的都是想法和方案。我认为，你们不可能跑到商店去买回材料，就在花园这里建造出一艘火箭……"

没人回答，她出其不意地又来了一句："造得出来吗？"

"当然造不出来，"乌雷醒悟过来，"我们是不是很傻？"

"你呢？你知道去往其他星球的载人飞船是什么样子？"柯基一脸不屑。

"实际上，我倒是有一个想法。如果让我加入你们的行列，我可以详细地解释一下。"

自古以来，人类一直渴望了解自身所处的世界。今天，似乎很多问题都已有了答案，我们没有理由再去怀疑相关理论的正确性。以前，专家和学者也以为他们已经发现了真理，然而，时不时会有天才横空出世，彻底改变人们的想法。因此，如果谁认为今天的理论将来还能够经受住时间的检验，那肯定是愚不可及。

寻求真理

我们不知道古代人是如何看待这个世界的。但是，根据那些留存在世的神圣遗址判断，他们肯定不是傻瓜，或许懂得某些我们尚未得知的事情。第一次提到宇宙的文字资料可以追溯到古希腊。当时的主流看法是：地球呈圆形、静止不动，位于宇宙的中心，包括太阳和恒星在内的各种天体都围绕地球转动。到了中世纪末期，尼古拉·哥白尼指出，太阳才是宇宙的中心。直到临终前，他才决定把自己的革命性著作出版。这样反倒更好。在那个时代，罗马天主教会拥有解释世界的绝对话语权，在大多数情况下，任何人胆敢标新立异、挑战权威，都会受到严厉斥责，然后判以火刑。几十年后，"现代物理学之父伽利略·伽利雷利用自己发明的望远镜获得了确凿证据，"证明哥白尼模型是对的。这一次，天主教会表现得比较仁慈，没有把伽利略烧死，而只是判他终生软禁。

后来，杰出的思想家艾萨克·牛顿诞生了，他提出了万有引力定律以及运动三定律。牛顿的计算与人们观察到的现象完全吻合。人们认为，世界万事万物都已经有了答案，物理学发展到这一步终于可以一劳永逸了。此后，物理学家们感到无聊，虽然继续探索世界，但只是观察更仔细，测量更精确。然而，随着时间流逝，他们开始发现，牛顿的计算并非那么精确。

经过深入、细致的研究，他们发现问题越来越严重。他们从不同角度研究光的速度，使物理学发展达到了一个新阶段。那时的物理学家们已经知道，光的运动速度极快。请注意！一个人从光源离开，以及他向光源移动，测得的速度前者要比后者慢，听上去很合逻辑，对不对？事实上，这种说法是错误的，因为光速从不发生变化。这一谜题在一位年轻的专利局职员的脑海里挥之不去。一天，他正在做饭，突然有了一个惊人的想法：光速始终如一，没有什么东西的速度比它还快。他在桌旁坐下来，拿过一支铅笔，在很短时间内，彻底改变了当时人们对宇宙运行的理解方式。你想必不会忘记这个年轻人的名字，他就是阿尔伯特·爱因斯坦。

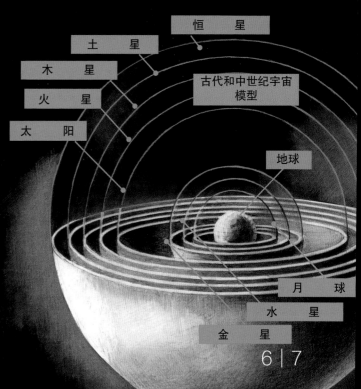

恒　星

土　星

木　星

火　星

太　阳

古代和中世纪宇宙模型

地球

月　球

水　星

金　星

胡琪其实并没有想好太空旅行如何才能飞得更远。她借口说还要回家准备准备。经过几次延期，他们约好一周后再见。这次乌雷和柯基又多等了半个小时，他们其实也不指望能有什么收获。

胡琪来到棚屋，先是对自己的耽搁表示了歉意，接着从包里拿出一沓稿纸和一瓶水。她抿了一口水，二话没说，直奔主题：

"如果我们想飞向其他星球，首先就应当想到，那需要很长时间。在此期间，航天员该干什么？他们看电视剧，或者打乒乓球，很快就都会厌倦，尤其是在失重情况下。我们有两种办法：一是我们可以让他们睡觉，也就是说，让他们进入冬眠状态，像经典科幻小说描写的那样。二是我们可以创造一种近似地球的环境，让他们像在地球上一样正常地生活。"

"你意思是说，让他们在森林中散步，在湖里游泳？"乌雷说，做了个鬼脸。

"不仅如此，他们还可以在田里开拖拉机，收割庄稼，或者，他们全天都可以做徒步旅行。"

"打住。我只是开玩笑，你却当真起来。"

"要实现这些目标，我们还缺少一件关键的东西。"胡琪继续介绍自己的方案。

"猜一猜是什么？"

"在地球上安装一台巨大的火箭发动机，这样，我们就能跟随整个地球一起飞行？"柯基开玩笑地说。

"这个想法很有趣，"胡琪一脸严肃，若有所思地说，"但是，我有不同看法。没有重力，这样的长途飞行无法实现。重力，是我考虑的重点！航天员在失重状态下生活哪怕半年，都会感到很困难。他们的肌肉会变得软弱无力，他们需要坚持锻炼。即便如此，他们回到地球后，几乎无法行走。飞往其他星球的旅程需要数年……"

"我没想过这个问题，"乌雷打断道，"在电影中，人们在太空飞行的飞船中正常行走，并不是飘浮。"

"那可能是因为制片人很难制造出失重的状态。还有，如果主人公艰难地飞来飞去，故事就会显得太拖沓。"

"我刚刚想到了一点，"柯基兴奋地插话道，"要是能让飞船自转，怎么样？离心力会使航天员贴近地面——情形跟重力很像。"

"这个主意不错。"胡琪说。

"不过，那样可能会令你呕吐，"乌雷反驳道，"要是上下颠倒，大脑就会感觉得到。"

"哪怕是在太空失重状态下？"

"我不知道，我从没试过。"

"别生气，"胡琪说，以免双方吵起来，"我已经解决了这一难题。"

"如何解决？"

"飞船将会一直加速。"

"加速？在整个飞行途中？"柯基一脸怀疑地问。

"对。以9.8米/秒^{2}的加速度加速。"

"这个数字有些眼熟。"

"当然啦，它是地球表面的重力加速度，换句话说，也就是地球重力的值。老师教过关于爱因斯坦电梯的内容，你们还记得吗？如果一台电梯在空中突然以9.8米/秒^{2}的加速度向上加速，电梯里的人就会被迫倒向地面，认为地球重力正在发挥作用。反过来也一样。在地球上，当

等效原理

　　试想一下，一部电梯轿厢在外层空间失重状态下自由漂浮，里面的人同样漂浮，两者都静止不动。轿厢突然向上加速，轿厢底部就会冲向里面的人。那个人在被地板撞到后可能会得出结论：万有引力在电梯里开始发挥作用①。我们把场景移到地球，更确切地说，是在地球重力场中。电梯轿厢的缆绳突然断开，开始自由下落，里面的人发现自己处于失重状态，可能会以为是在外层空间②。由此可以得出如下结论：匀加速度参照系的作用与重力场的作用是一样的。这一想法是爱因斯坦众多思想实验的一部分，他由此得到启发而提出了广义相对论（参见第14页）。

　　电梯缆绳突然断开，电梯就会自由下落，里面的人感觉到处于失重状态。在一个孤立系统，重力和加速度具有同样的作用。"

　　"我懂了。但是，如果飞船一直加速，发动机必须一直运行，"乌雷说，"在传统火箭中，每级发动机会运行大约10分钟直至脱落，在最后阶段，飞船在没有空气的太空依靠动量继续飞行。那几个短短的10分钟，需要耗费数百吨燃料。"

　　"还用你说，乌雷。我当然知道飞船如何进入轨道。"胡琪辩解道。

　　"那样的话，你就应该知道，你的想法毫无价值。"

　　"传统的火箭在10分钟内达到第一宇宙速度，也就是说，接近每秒8千米。这一加速度远大于所需的9.8米/秒^2，"胡琪反驳道，"在这个过程中，它还摆脱了地球的引力。"

　　"对。但是，你能想象，假如发动机运行一年，需要多少燃料？"乌雷追问道。

　　"顺便提一下，"柯基笑着说，"当我把夜空中的卫星指给妈妈看，她却以为卫星反射的太阳光是火箭发动机燃烧的火焰。"

　　"这一番辩论纯属白费口舌，"胡琪不耐烦地说，"我想说的是，我们不使用传统的化学燃料。"

　　"那么，你打算使用什么燃料？"乌雷问。

　　"有一种办法可以获取数量庞大的能源。"胡琪说。她喝了一口水，故意吊他们的胃口。

　　柯基和乌雷坐在那里，屏声静气地望着她。

　　胡琪把瓶盖拧上，然后慢条斯理地说：而"湮——灭——"

光的速度始终如一，其他任何东西的速度都无法超越。那又怎样？你可能觉得这一发现没有什么了不起。试想一下，有一种粒子被称为光子，它以光速运动。另一粒光子以同样的速度，与第一粒相对而行。问题来了：当它们擦身而过时，速度应该是多大？在日常生活中，假如两列火车相对而行，两者的速度相加就等于它们的相对速度。但是，就光子而言，我们不能简单相加。两粒光子擦身而过的相对速度依然是光速，不可能超过光速。因此，在这个例子中，我们的计算公式为1+1=1。很有趣，是不是？下面，我们来详细解释。

狭义相对论

在古希腊，一位著名学者叫亚里士多德提出过一些很武断的观点。他认为，地球被牢牢地固定在宇宙中心，并处于静止状态。大多数人对此深信不疑。2 000年后，艾萨克·牛顿认为地球不可能处于完全静止的状态。如果我们说一个物体处于静止状态，这只不过是相对于某个参照系而言。例如，我躺在家里的沙发上，虽然我家的东西都没有移动，但是我家位于地球上，而地球不仅围绕自己的轴心自转，同时还围绕太阳公转，而太阳围绕银河系转动。天知道银河系在宇宙中正在向哪里移动！你可以看出来，多亏了牛顿，我们再也不得安宁。然而，牛顿尽管很伟大，却也对付不了"时间"这个神圣不可侵犯的物理量。牛顿认为，时间与空间分离，完全有可能把两个事件之间的时间间隔清楚地分离开来。我们只能说，他在某种程度上是对的，但前提条件是，一个物体的速度必须能够接近光速。

第一个对绝对时间质疑的不是别人，正是阿尔伯特·爱因斯坦。我们现在已经知道，爱因斯坦认为，光的速度是一个常量，不可能被超越。他得出如下结论：假如光的速度不可能改变，那么其他东西的速度就是变量。因此，维度、物质和时间都具有相对性。让我们看一看爱因斯坦是如何得到如下结论的："现在"的概念不再是连续的，因此，每一个移动的参照系必须具有自己的时间。

火车行驶方向

试想一下：黄昏时分，一列火车以2/3光速的速度从一座火车站驶过。站长正站在站台上，一名乘客从车窗探出头来。火车驶过站长的那一刻，车站的灯开始被点亮。站台上有两盏灯，站长恰好位于它们正中间，也就是说，它们与站长的距离相等。站长看到的情况是，两盏灯同时点亮。而乘客看到的情况则是，顺着火车行驶方向，两盏灯先后点亮。如果我们仔细观察上图，可以得出一个惊人的结论：两人的说法都对。

这种现象促使爱因斯坦给三维空间坐标系增加了第四维——时间。他提出了四维时空连续体（简称时空）的概念，由此引发其他很多重大发现。其中意义最重大的当属那个著名公式 $E=mc^2$，揭示了物质与能量之间的神奇关系，就连他本人一开始都不敢相信。爱因斯坦的原话是，他拿不准上帝是不是在跟他开玩笑。该公式表明，不仅物质能够被转化为能量，而且能量也能够被转化为物质。公式中 c^2 是指光速的平方，即 9×10^{16}，极其庞大的数字。因此，我们能够把1000克物质转化成数量惊人的能量。遗憾的是，根据这个公式造出的原子弹在日本广岛和长崎爆炸，给人类带来了悲剧。

现在，让我们回到前面悬而未决的问题——1+1=1。为了证明这一点，我们需要利用示意图解释"时间膨胀"（又称"时间拉伸"）的概念。

火车中那位乘客关闭车窗，舒舒服服地坐回到座位

上，对站台两盏灯的现象百思不解。天已经黑下来，火车天花板上的灯被点亮。灯泡发出一束亮光，从明镜一样的地板（这种情形在火车上很常见）垂直向上反射回来。乘客看到这束光的运动轨迹为2L。与此同时，一个男孩（或站长）正站在外边，目睹火车驶过，也看到了灯泡被点亮。然而，从他的视角望去，火车中那束反射光线的运动轨迹呈V形，总长度为2L′。因此，男孩看到的光束轨迹长度比乘客（以火车车厢为参照系）看到的更长。但是，男孩看到的光束速度不可能比乘客看到的更快，因为光速不可能被超越。由此，我们只能得出一个令人吃惊的结论：对火车上的乘客而言，时间流逝得更慢。

我们可以把上述讨论写成右侧很美的公式，该公式源自洛伦兹变换公式。擅长数学的读者很容易看出，如果我们把 v 换成普通的速度，由于膨胀导致的时间差异可以忽略不计，但是，如果我

$$t' = \frac{t}{\sqrt{1-\dfrac{v^2}{c^2}}}$$

们把 v 换成光速，时间差异则变得无限大（列车上的时间将会静止）。因此，就上述案例而言，如果地面上男孩度过的时间为1小时，那么火车（以2/3光速运行）上乘客度过的时间则为45分钟。反过来，我们也可以以同样方式计算长度收缩。从火车上乘客的角度而言，时间并没有变得更慢，他透过车窗望见的情形是站台变得更窄。如果此时恰好有另一列火车也以2/3光速（0.66c）从对面驶过来，根据洛伦兹变换公式可以得出，两列火车彼此驶过时的速度仅为0.92c。如果两列火车都以光速相对行驶，两个速度相加后还是光速，也就是1+1=1。

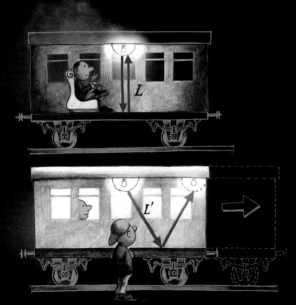

胡琪把星际飞船的想法告诉两个男生后，每天下午三人几乎都要到棚屋碰头。他们很清楚，绞尽脑汁思考如何飞向遥远的宇宙，只不过是一种幻想。尽管如此，他们还是乐在其中，尽心尽力地设计飞船。晚上，他们脑子里面都是奇思妙想，兴奋得睡不着觉。经过几周冷静而热烈的讨论，柯基作为一名熟练的绘图员，在家里绘制出第一张超级大的彩色图纸。第二天下午，他把自己的成果带到棚屋，那天，丹尼尔·鲁宾也凑巧加入到他们的行列。

"看上去有点像我们厨房的灯。"乌雷评价柯基的成果，这话倒也不算离谱。飞船主体是一块直径20千米的泥盘，上面是一个巨大的半透明穹顶。事实上，飞船跟古代一些哲学家想象的我们这个世界差不多。耀眼的白光模拟太阳，每天自左向右从穹顶上方经过。白天被设定为14小时，夜晚为10小时。穹顶下方有一个精心控制的水循环系统，航天员可以利用水种庄稼，从而获得粮食。这一点引起了激烈争论。胡琪认为，所有航天员都是素食者，然而，乌雷抱怨说，如果没有香肠，他宁可不坐飞船。胡琪坚称香肠里根本没有肉，最终使乌雷闭了嘴，这事才算完。

太空飞行计划如下：飞抵有生物居住、距离地球最近的星球需要大约200年。因此，在第一个100年间，飞船将会一直加速，然后，飞船里的航天员们需要花一些时间把家具固定在地板上，再把飞船方向前后调换一下。在第二个100年间，飞船将会一直减速。

关键问题在于，从哪里获得飞船所需的那么多能量。只有一种可能，就是像胡琪一开始建议的那样，利用爱因斯坦的方程式 $E=mc^2$，直接把物质转化为能量。众所周知，我们的世界是由粒子（带正电荷的质子、中子和带负电荷的电子）构成。然而，有些世界是由相同粒子构成的，只是电荷极性相反。如果这种反物质与我们地球的物质相遇，它们就会瞬间消失，转换成能量，更确切地说，转换成极为巨大的能量。这种爆炸反应被称为湮灭。尽管如此，他们还有几个次要问题需要解决，例如，从哪里获取反物质以及如何储存。绝不能让反物质跟任何由物质构成的东西接触，一秒也不行。乌雷想到一个办法：利用强磁场产生真空，可以使一个反物质锥体在其中飘浮。这样，在发动机中，通过某种可控手段，物质能够与反物质发生反应（湮灭），由此产生的能量可以为飞船提供数十年的动力。

"需要飞行200年，"柯基思忖道，"我可活不了那么久。"

"夜空想必非常美丽，而且每夜都不相同。"胡琪展开了幻想。

"你们认为，在那个水族馆一样的飞船里待久了，人们会不会互相残杀？万一爆发战争，该怎么办？"

"问得好。航天员必须精挑细选，"乌雷说，"柯基，像你这样脾气暴躁的人，就不允许接近相关工作。"

"你说谁暴躁！"柯基嚷道，伸手要掐乌雷细长的脖子。

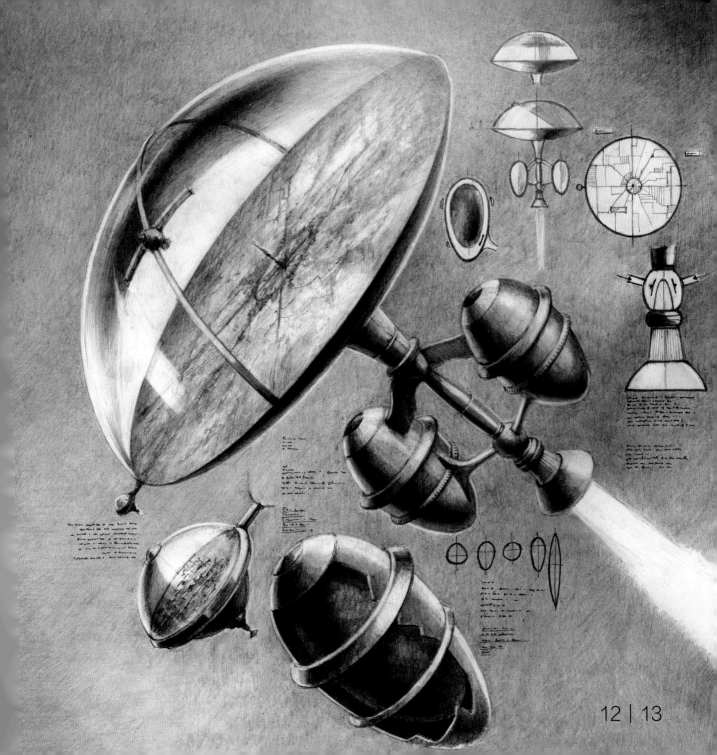

狭义相对论适用于描述物体的速度接近光速情况下发生的现象。它看似完美，但是有一点瑕疵：它与牛顿的万有引力定律相矛盾。经过十年潜心研究，爱因斯坦提出了一个新理论，该理论把引力的影响纳入其中。

广义相对论

　　牛顿的经典力学认为，两个物体之间存在相互作用。然而，它无法解释，为什么会发生如下现象（不考虑其他矛盾之处）：即使月球运行到地球与太阳中间，引力依然发挥作用。

　　爱因斯坦按照自己的习惯，对"引力作用"问题采取别具一格却又极其巧妙的方法。他想到了等效原理（参见第9

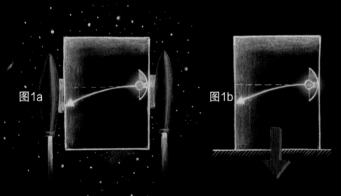

图1a　图1b

页）的一个后果。如果我们从电梯轿厢一侧墙上向对面发出一束光，显然，光束将会偏离轨道（图1a）。然而，根据等效原理，光束偏离轨道还有一个原因，它受引力场的影响（图1b）。在这两种情况下，偏移轨道的距离都可以忽略不计。但是，当一束光绕着一个巨大天体运动，偏移轨道的距离就会非常明显。天文学家观察一颗遥远的恒星，而该恒星的光束从太阳近旁经过，他看到的恒星位置并不是该恒星的

实际位置（图2）。因此，我们可以看出，光线在宇宙中并不是以直线传播，而是呈曲线状。光的路径之所以发生弯曲，是因为时空本身发生弯曲，因此，我们看到的是在三维空间的情形。如果在四维空间，光在两点之间以最短路径传播，也就是以直线传播。

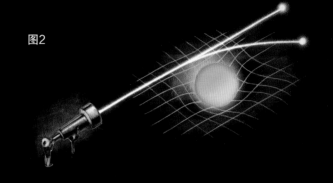

图2

　　因此，引力效应是时空弯曲在物理上的表现。

　　时空弯曲是由它所含的物质和能量造成的。

　　广义相对论还认为宇宙中存在引力波。最近，科学家们利用极其敏感的仪器，第一次探测到引力波的存在。引发引力波的原因是，两颗相距1.3亿光年的中子星发生碰撞。引力波的振幅极小，相当于原子核除以地球直径的值。

行星

恒星

中子星

黑洞

故事一开始，我们曾提到一个名叫丹尼尔·鲁宾的学生，他在第一学年即将结束时转学过来。乌雷说得对，丹尼尔是一个怪人。话虽这样说，丹尼尔似乎也没有什么特别怪异的地方。在数学和物理学校，有好几个学生性格都很怪异。然而，丹尼尔加入班级不久，就让柯基吓了一大跳，蓬乱的头发直竖起来。

"这个地方，你错了。"午休期间，丹尼尔出其不意地说了一句。需要指出的是，自从丹尼尔来到班里，这是他第一次开口跟同学讲话。

"你是什么意思？错在哪里？"柯基吃了一惊，问道。

"你忽略了一点：物体由于速度增加其质量相应增大。"丹尼尔回答。

柯基惊得目瞪口呆。

"我简单计算了一下，"丹尼尔接着说，"例如，一艘飞船，静止的时候质量为 1.5×10^{15} 千克（1.5×10^{15} 意思是指该运算结果有14个零，即 1 500 000 000 000 000。采用这种简略的表达方式，可以避免数学家因为写得太多而手抽筋，或者把半个月的薪水都浪费在购买笔墨上），在以99.99%倍光速的速度飞行时，质量将会增加到原来的70倍；而在以99.999%倍光速的速度飞行时，质量将会增加到50 000倍。不到一年的时间，飞船速度就能够达到光速。你盯着我干什么？我可以把计算过程写给你看。"

"你怎么知道我们在做这方面的研究？"柯基问。

"你是想知道如何计算，还是想纠缠于细枝末节？"丹尼尔反问。

"你这个怪家伙。偷偷跟踪别人，甚至可能潜入别人的棚屋，你认为是细枝末节？"

虽然丹尼尔泰然自若，但偶尔闪现出一丝奇怪的眼神。他并没有开口，明朗清晰的声音却在柯基的脑海中回荡。

这件事令柯基深为震撼，放学后，他最终决定邀请丹尼尔加入他们的行列。毕竟，并不是每个人都拥有传心术的天赋。更重要的是，丹尼尔的计算在他的脑海中始终挥之不去。

"嘿，伙计。真是怪事！"乌雷难以置信地摇了摇头。当天下午，他们四人聚集在棚屋内，"你那个脑袋里肯定是乱糟糟一团。有时候，没有你这样的白痴胡思乱想，我反倒无法理清自己的思路。你那个东西（传心术）的有效范围是多大？能不能关掉？"

丹尼尔听了后，瞥了胡琪一眼，胡琪哈哈一笑，说道："你说得对，乌雷说起话来的确像个傻瓜。"

乌雷脸色苍白，眯起眼睛。"我警告你，"他不满地对丹尼尔说，"你跟我们在谈话，同时却又利用传心术跟别人交流，难道不觉得有点过分吗？你真是个怪胎。"

"乌雷，"胡琪正色道，"你太过分了！"

"你闭嘴！"乌雷厉声说，"就算像个傻瓜一样说话，也比你一直炫耀自己聪明绝顶好得多！"

"别吵了！"丹尼尔劝阻道，"对不起，我保证不再那么干。"

"那就好，"柯基冷冷地说，"我从来没见过乌雷发这么大的火。"

乌雷气得满脸通红，一屁股坐到椅子上，从表情可以看出，他不愿意再跟任何人搭腔。

"我不知道传心术的范围有多大，"丹尼尔朝乌雷所在的方向迟疑地瞟了一眼，说道，"数百万人的思维在我周围萦绕，远近都有，它们融汇成宁静的背景噪声。通常，我与它们和平共处。然而，我如果特别关注某个人，就能听到（更确切地说是看到）他在想什么。人们往往不光利用可理解的句子进行思考，他们还利用图像、气味或声音。"

"你为什么特别关注我们？"胡琪问道。

"我被柯基脑海里的宇宙飞船图像迷住了，"丹尼尔回答，"对不起，这一想法刚才从你脑海中闪现——我不可能没注意到。我通常对别人的想法不感兴趣，但是，你们打算建造一艘持续加速的火箭，这一计划特别有创意，我难以抗拒。可惜的是，你们的方案行不通。"

"究竟为什么行不通？"乌雷问，顾不得自己还在生闷气。

"如果你们的飞船以9.8米/秒^{2}的加速度加速，根据牛顿定律，它会在一年内达到光速，"丹尼尔说，"但是，在那种情况下，经典物理学将不再适用，一切都需要根据爱因斯坦的相对论进行计算。首先，没有哪种实物能够达到光速。你们还需要考虑，一个物体随着速度增加，其质量也相应增加。例如，一个闹钟静止时质量为1千克，在达到光速一半的速度时，其质量增加150克，然而，在达到光速99%的速度时，其质量将会增加到7倍。一个物体随着质量增加，其惯性也相应增加。因此，你们给飞船加速就需要越来越多的能量。"

"那么，我们可以多带一些燃料。"柯基建议说。

"可是，"丹尼尔自信地笑了，"我做过各种各样的计算，还是会得出很多可笑的数字。如果你们的燃料箱跟地球一样大，肯定行不通，对吧？"

相对论力学

在经典力学中，时间是绝对的，物体的质量和维度是恒定的。然而，这些定律只在速度较低的情况下适用。如果接近光速，我们就要用到爱因斯坦的相对论。

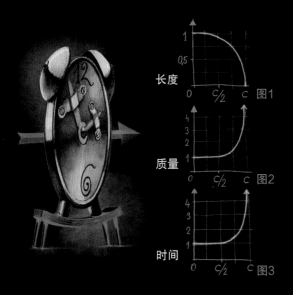

让我们看一看，一个闹钟以接近光速的速度在空间飞行，将会出现什么情形。首先，闹钟与其飞行方向垂直的部分将会变薄，这一现象被称为"长度收缩"（图1）。质量将会增加到所谓的相对论质量（图2）。这两点都没把我们的闹钟闹醒，但是，以如此快的速度飞行，还会产生时间膨胀（图3）。第三点可能会使闹钟紧张不安，因为时间将会变慢。可以放宽心的是，任何实物（包括闹钟自己）的速度都不可能达到光速，因此，它的指针不会彻底停下来。

到了晚上，胡琪根本睡不着。遇见一个会传心术的人，着实令她感到意外。要不是丹尼尔用诙谐的语言取笑乌雷，她绝不会相信这是真的。她清楚地记得丹尼尔在她脑海里说的那些话。

"至于乌雷，自从我认识他，第一次见他发那么大的火。都是我的错，我应该闭嘴，我真傻。"胡琪想。她把当天发生的事情回忆了一遍，丹尼尔真是一个谜一样的人。她犹豫了一下，不得不承认自己喜欢上了丹尼尔，并不是因为他懂传心术，更重要的是，他的才华出众，举止优雅。在学校，胡琪从没听见丹尼尔开口说话，坦率地说，她对他也从没有过好感。但是，今天发生的事情改变了她的想法。

"他的确聪明绝顶，我们的努力显得那么微不足道。真可惜。我很喜欢跟他们聚在一起，思考太空旅行的计划。我会怀念在棚屋度过的那些夜晚。天哪，几点了？还睡不着。我也用不着看闹钟。闹钟，闹钟，加速的闹钟……"睡意渐浓。突然，她惊醒过来。

"等一下！闹钟是测量时间的。根据相对论，物体在高速运动时，其质量将会增加，长度将会缩短。更重要的是，时间将会变缓。闹钟上的指针将会走得很慢！如果我们用速度除以时间，就会得到平均的加速度。这就意味着，飞船需要的加速度并没有我们原先预想的那样快。鲁宾，你聪明过头了，可能根本就没有认真计算。"

胡琪想到他们的计划还没有彻底失败，顿时宽慰了许多，酣然进入梦乡。

胡琪感到，上午第一节课似乎没完没了。刚下课，她就把那三个男生叫到走廊，向他们解释说，在计算过程中应当把长度收缩和时间变缓考虑进去。丹尼尔全神贯注地听着，那神色令胡琪感觉有点不自在。"也许你是对的。"胡琪说完后，丹尼尔想了想说道。胡琪注意到，丹尼尔在说这话的时候，流露出由衷的仰慕之情，令她暗自窃喜。

"今天下午，我们再去棚屋，"柯基提议，恰在此时，上课铃声响了，"让我们重新计算一番。"

与柯基的棚屋相隔两个花园的地方，有一栋木屋，里面住着一位名叫考哲（Codger）的老人。胡琪因为自己的绰号很不雅，所以一开始不愿意直呼老人的名字（Codger一词本意为"老家伙，怪老头"），后来才逐渐习以为常。考哲60多岁，不修边幅，是唯一一位长期住在份地花园的人。他总是身穿同一件破旧的夹克，在花园劳作时，走起路来样子有点怪。他跟其他邻居不同，对柯基家失修的花园从不说三道四。他自己的小木屋同样破旧不堪，花园更是拿不出手。他之所以不妄加评论，原因并不在此，而在于他一直沉默不语。在柯基和乌雷的印象中，他们从没见过他开口说话。考哲跟别人打招呼时，要么默默地点点头，要么轻轻地挥挥手。不知什么原因，他总是让别人感觉有点不自在。他们尽管不怕他，却觉得始终被他盯着。

那天晚上，四个人都沉浸在研究之中，没有人听到轻轻的敲门声。因此，当这位神秘的不速之客迈进房间时，胡琪吓得惊声尖叫，乌雷跳了起来，慌乱中打翻了一杯茶，棚屋的主人柯基定了定神，率先开口。

"你来这里干什么？"柯基问。

考哲出奇地平静，在那里站了一会，打量着每一个人。然后，他开了口，话语中夹杂某种奇怪的口音。一如他进来那样突然，他的话同样令人摸不着头脑。他看了看丹尼尔，只吐出了两个字。

"终于！"

丹尼尔首先感到惊讶的是，他竟然无法进入老人的思维。然后，老人把自己的思维稍微透露给丹尼尔。丹尼尔一向泰然自若，不受他人左右，但是，此刻他惊得喘不过气来。

"你肯定也会传心术。"胡琪想要打破沉默。没有人吱声，丹尼尔和老人站在那里，彼此对视着。

"你们俩在利用传心术交流，完全无视我们，是不是不太礼貌？"胡琪有点生气，提高声音说，"鲁宾，求求你，他在说什么？"

"我不知道。我甚至搞不清，站在我们面前的这个人是男还是女。"丹尼尔用沙哑的声音说。

"我是个男人，名字叫加莫，"老人微微鞠了一躬，"但是，我没办法把出生证拿给你们看，因为它在距离这栋舒适茅舍280光年的星球上。"

柯基想要大声说老人在扯谎，但是看到老人神情庄重，便把话咽了回去。

突然，胡琪和乌雷都意识到，眼前这位老人绝不是地球人。

第二部分：空间

　　出乎很多人的意料，行星瑞域上的生活陷于崩溃。这并不是说瑞域的世界已经不复存在，事情还没有严重到那种地步。只是那些为数不多、自称人类的生物遇到了难题。拥有数十亿年历史的星球根本不需要为了这么点小事，动用它那又大、又圆的脑袋。

　　人类停止了繁殖。第一个不易察觉的先兆是，自然界的昆虫数量急剧下降。数千年来，文明社会利用土地种植庄稼以及饲养家禽家畜。但是，在陷于崩溃前，人类已经把自然变成了一座巨大的工厂，从中获取粮食，甚至获取燃料。最常见的农业机械是那些用于喷撒化肥或除草剂的机械。然而，人们最终发现，用这种方式处理过的土壤会对男性生育能力产生致命影响。在铁证面前，即使会造成作物减产，人们也不得不严格禁止使用化学制品。有一段时间，尽管土地使用粪肥，田边开满鲜花，不育问题依然存在。人类犯了一个致命错误。男性生殖细胞受损的原因不仅在于农用化学品，另一个更可怕的杀手是电磁波。当时，世界已经被接收与发送电磁波的科学技术完全控制。

　　每个人从小就拥有手机。家家户户都装有功率越来越强大的发射器和数十种设备。哪怕是一支牙刷，都

与数据网络相连。整个工业大举入侵人类生活的方方面面：工作、娱乐、旅行甚至约会。没有人愿意面对现实，他们下不了决心把它关掉。等他们醒悟过来，为时已晚。在不到30年时间里，沿袭数百年的社会秩序土崩瓦解。渐渐地，税收、养老、医保和治安等系统开始分崩离析。暴力和丛林法则开始在城市街头泛滥。人类文明陷入黑暗长达数个世纪。乡村在变得荒无人烟后，反倒有利于其苏。荒原以难以置信的速度，迅速长成葱郁茂盛的雨林，变成野生动物的乐园。植物、昆虫和鸟的种类与数量急剧增加，清澈见底的流水再次在沟壑中流淌。

人类并没有彻底消失。在一些地方，小型社区幸免于难，顽强地活了下来。尽管如此，原先曾有上千万人居住的地方，在一百年后，仅剩下几千人。日子就这样一天天过下去。

加莫出生于"大复兴"以后的768年。他跟父母和姐姐住在一个小规模的定居点，这里靠近一条新开辟的贸易路线。一片古代建筑遗迹形成的小丘上长满了花草林木，加莫经常跟小伙伴们在树林边玩耍。黄昏降临时，他会听到母亲熟悉的声音在耳边响起："加米（加莫的昵称），快回家，晚饭准备好了。"

瑞域星球上人类文明毁灭后，幸存者面临的主要难题不是饥饿、寒冷或处处潜藏的危险。长期休眠的生存本能重新苏醒，使人类能够经受住严酷环境的考验。他们面临的主要难题是缺乏信息沟通。也许正是由于这个原因，人类逐渐进化出一种新的能力——心灵感应。在必要的时候，人们可以利用心灵感应大规模地齐聚一起。子孙后代继续进化，能够把恐惧或快乐远距离传送。夫妻之间以及父母与子女之间还学会了分享。久而久之，人类逐渐能够利用传心术进行沟通。

加莫过完20岁生日后不久，便到诺塔岛一个研究院当了达蒙（作者杜撰的词，本文中意为"研究员"）。数百年来，科学技术被认为是导致人类几近灭绝的罪魁祸首。但是，最近几十年来，人类天生追求知识的热情空前高涨，通向科学研究的大门再一次敞开。然而，如果你以为岛上的研究院高楼林立，里面到处都是实验室，穿白大褂的科学家穿梭其间，黑板上写满复杂的计算公式，你就想错了。里面的研究员更像萨满或僧侣。他们通过聆听自己的内心、静思冥想或感悟集体无意识的辽阔海洋，探索世界的奥秘。这些降神会伴有令人昏昏欲睡的鼓声，还有规模庞大的合唱团连续数小时咏唱单调重复的歌曲。

大家公认，正是诺塔岛的萨满通过传心术率先与其他星球上的生物取得了联系。事情逐渐变得很明朗：濒临灭绝的不仅仅是瑞域星球上的人类。几乎在其他星球，一旦智慧生命形式取得控制权，那里的文明最终将会崩溃，这种情形循环往复。原因基本相同：第一代剩余价值被创造出来，随后是财富和权力逐渐积累，掌握权力需要在军事上占据优势，军事优势又离不开先进的技术，而技术最终会失去控制。有些星球上的居民被大规模杀伤性武器消灭，有些被人工智能征服，有些因环境遭破坏而毁灭。当然，文明的崩溃并非导致生命彻底绝迹，而是一种重生或复活，幸存者在经历惨痛教训后，逐渐学会如何与自然打交道。智慧生命以这种方式为文明发展奠定了基础，与自然和谐共处长达数万年。发达社会中的精英阶层时间充裕，实现了超高水平的启蒙。他们中的杰出人物甚至掌握了在宇宙中进行自由畅游的技术。可想而知，他们只肯与那些启蒙水平与他们旗鼓相当、能够与他们取得联系的文明打交道。

为选拔首次进行星际旅行的利昂，瑞域星球选拔委员会新设了一整套程序，共有5 000人报名参加，加莫是其中一员，尽管他并没抱多大希望。他避开各种陷阱、冲破重重障碍，又经过两年艰苦卓绝的努力，最终与其他四人当选。加莫真是喜出望外。

让我们回到地球，回到夹在铁路和公路中间一小块绿地上一栋破败的花园房子。我们正在见证一个历史性的时刻：人类与外星文明相互接触。你想象的场面肯定跟这不一样，应当更壮观：一架巨大的飞碟投下长长的阴影，直升机成群结队，战斗机呼啸轰鸣，军队就地待命，各国领导人纷纷发表声明，大街上人潮涌动。

"你想喝杯茶吗？"胡琪问。

"好的，谢谢！"加莫一边说，一边接过柯基递过来的一把破旧椅子。

"你把飞船藏在了哪里？"乌雷实在忍不住，好奇地问。

老人脸上露出狡黠的笑容。确切地说，眼前这一位应该是外星人。

"噢，你们和你们的飞船！"

20世纪上半叶，两次世界大战给地球带来灾难，物理学各种新理论也令人惊叹不已。人类突然发现，他们很难理解现实世界的新定律。阿尔伯特·爱因斯坦破除了单一绝对时间的概念，十年后，他又扭曲了空间。其他科学家也不甘落后，做出一些更令人瞠目的发现，例如，一个实物能够在同一时间出现在不同地点，还能穿透看似无法穿透的障碍物，它既是粒子又是波。

图1

斯坦一开始都无法接受。电子的轨迹极为分散，布满原子核周围的全部空间，这就意味着，它可能出现在任何地方。在一些地方，它可能频繁出现；而在另一些地方，它几乎从不出现。因此，电子的位置只能用概率值加以描述。概率值具有一个连续函数，该连续函数由著名的薛定谔方程从数学角度加以描述，图2可以帮助我们更好地理解。可以看出，图示的函数就像往水里扔一颗石子激起的波浪表面。波浪图形象生动地展现了基本粒子的行为特征，例如电子、中子、质子和光子等。

然而，就较大的粒子而言，例如尘埃的微粒，量子现象可以忽略不计。波函数由希腊字母"ψ"表示。在下一节，我们将了解量子力学的一些特别之处。

量子力学1/2

量子力学的名称如何得来？"量子"是表示一份的物理量。你可以把量子想象成一段楼梯：你能站在第一个台阶或第六个台阶上，却不能站在第2.5个台阶上。与斜面相比，台阶表面是不连续的。让我们看一看"不连续性"是什么意思。

经典物理学一个基本要求是：在任何时候，我们都可以利用6个参数描述一个物体运动的位置、速度和方向。如果我们想要确认这些参数，就需要看到该物体，因此就需要借助光。光对一个飞着的球体没有丝毫影响，但是，如果我们用光照亮电子，问题就来了。这么小的光源是以光子形式出现，它会因为自身的运动而改变电子的轨迹（图1）。这一份光的强度无法被减弱，因为它是由一个光子构成的，具有不连续性。我们要么拥有一个完整的光子，要么没有光子，这就意味着，我们无法对电子进行测量。因此，我们没办法同时测得电子的速度和位置，只能两者选其一。无论喜欢与否，物理学家们不得不面对"不确定性"，这真是令人沮丧，甚至连爱因

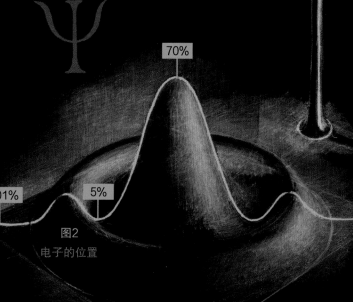

尘埃微粒的位置
100%

70%

0.001%

5%

图2
电子的位置

"嗨，伙计！昨天，是火星人光顾了棚屋，还是我们做了一个奇怪的梦？"第二天上午乌雷在学校门口遇到柯基时，问道。

"那情景太真切了，兄弟，我到现在还闹不清是真是假。"柯基摇了摇头说。

"不会是催眠师对我们耍的把戏吧？"乌雷皱了皱眉，沉思道。

"难说，"胡琪走了过来，"鲁宾当时惊呆了，想必是真的。"

"你现在还这样认为？"

"说实话，现在，在光天化日之下，昨晚的经历令我感到非常奇怪。也许我们当时真被催眠了。"

"我们需要的是证据，"乌雷建议说，"也许，他能给我们展示神奇的本领，比如，让那栋棚屋消失。"

"他最好让你消失，把棚屋留下来！"柯基表示不满。

"也许，考哲只是像鲁宾一样懂传心术的普通人，"乌雷继续思索着，"他利用传心术闯进我们的大脑，耍了什么花招，令我们相信他说的一切。"

"哟，你真聪明，乌雷，"胡琪做了个鬼脸，"就在一个星期前，我们还不知道有人懂传心术，现在你竟然说他们是普通人。"

"有什么神奇之处？见到外星人，我的世界观发生了变化，"乌雷反驳道，"我已经见怪不怪了。今天下午，宇宙的创造者说不定会突然出现，跟我们聊聊天。"

"完全有可能。加莫不就是来自另一个星球嘛。"丹尼尔·鲁宾悄无声息地走过来，插话道。

"我觉得，我们没必要把刚才谈论的内容向你复述（因为你懂传心术）。"乌雷揶揄道。

"不过，事情还是有点怪。为什么一个来自外太空的造访者，在市郊一栋破旧棚屋向我们几个孩子表明自己的身份？"柯基问，"他应当去某个秘密军事基地跟统治者商谈，或者诸如此类。"

"事情怪就怪在这里，我真搞不懂。"乌雷咕哝道。

"丹尼尔，你有没有遇见过其他懂传心术的人？"胡琪问。

丹尼尔摇了摇头。

"有多少人知道你懂传心术？"

"只有你们几个。"丹尼尔回答。

"为什么偏偏是我们几个？"

"我也搞不懂。我喜欢你们的飞船设计。不知为什么，我就想能有机会跟你们一起探索宇宙。我自己也觉得奇怪。"

"别再提飞船的事，那可真让我发疯，"柯基说，"考哲一下子就让我们的计划泡汤了。显然，从他脸上诡异的笑容可以看出，实物制造的飞船根本无法进行星际旅行。"

"你为什么不反过来想一想？"胡琪问，"我认为，正因为他能够通过某种方法来到这里，所以我们也能够有机会到其他星球去。"

"但是，他并不是乘飞船来的，这一点他说得很清楚。"乌雷提醒大家。

"那么，他是如何来到这里的？这么重要的问题，我们当时怎么没想起来问他？"

"今天晚上，我们还有机会。"

当天傍晚，加莫来到棚屋后，面对他们率先提出的这个问题，回答道："经由外层空间一个通道。"加莫郑重其事，不像撒谎，乌雷差点想问他是坐火车还是坐巴士来的。

"外层空间是什么意思？"胡琪跟柯基异口同声地问。加莫被逗乐了，但是，在仔细衡量自己话语的分量后，他非常平静地说："你们最好应当这样问：外层空间的入口在哪里？"

"好吧，外层空间的入口在哪里？"柯基随即问道。

"丹尼尔！"加莫向那位也懂传心术的朋友喊道。今天下午，丹尼尔静得出奇，在前来棚屋的路上始终一言不发。"丹尼尔，通道在哪里？"

"你认为，我是那个负责为你找到回家之路的人？"丹尼尔喃喃地说，不敢正视加莫。

"希望如此。我滞留在这里已经40多年了。"

"什么？"胡琪惊奇地叫道，这一次是跟乌雷异口同声。

"我可能再也见不到父母了。但是，能再一次望见我们硕大灿烂的太阳，我也就心满意足了。"

"外层空间是不是有点像隧道，我们能利用它在太空旅行？"柯基执着于自己的问题，接着问。

"我觉得，你可以那样理解。"加莫回答。

"难道你不知道隧道的出口在哪里？"柯基穷追不舍。

"我非常清楚我是在哪里着陆的，但是，正如电影院一样，隧道的入口和出口分别位于不同地方。"

"你为什么认为丹尼尔知道入口在哪里？"胡琪换了个话题。

"丹尼尔可以问别人，他是一位萨满（作者杜撰的词，相当于"祭司"）。"

"什么是萨满，他可以问谁？"他们连珠炮似的向加莫发问。

"安申人，我可以问安申人。"丹尼尔冷不防地插了一句。

"太好了，"乌雷张开双臂，说道，"今天上午我只不过是开玩笑，没想到，我们马上就可能见到宇宙的创造者了。"

"安申人并不是宇宙的创造者，"加莫说，"而是一个很古老、很先进的文明。他们知道通道在哪里，知道如何举行相应的仪式。"

"你为什么不自己去问他们？你也懂传心术。"胡琪反问道。

"他不是萨满。"丹尼尔一脸沮丧。

"丹尼尔，"加莫显得很急切，"不知道哪个环节出了问题，我来到15 000年后的世界，这里一个熟人也没有！最后一批能把我送回瑞域星球的萨满，已经跟古老的克罗马农人一起都消失了。"

"那么，你最好还是慢慢习惯欣赏这里黄色的太阳吧。"

"萨满，师傅，振作起来！"加莫绝望地叫道。

"至少，你知道自己在做什么，"丹尼尔怒气冲冲地说，"你自己做的选择，只好承担由此带来的风险。我呢？我在孤儿院长大，没有一个朋友，只知道孤独和屈辱。这一切都是为了什么？就是为了帮一个蠢货摆脱困境？这就是我活着的意义？"

"不要耍脾气，你又不是小孩子！"加莫提高嗓门反驳道，"当初，那也是你自愿选择的。你变成婴儿到了这里，我不知道是谁的错，但肯定不是我的错。不要垂头丧气，赶快找到那条通道，找到举行仪式的方法，让我们离开这里！"

"滚开！"丹尼尔嚷道，他从椅子上跳起来，砰地把房门一关，消失在黑暗中。

图1

图2

从某种程度上说，量子力学的定律有违我们的常识，然而，它们非常成功，并且被众多实验验证为正确。没有量子力学知识，我们就不可能制造出计算机和手机，孩子们只能玩普通的玩具或者阅读纸质书籍。

量子力学2/2

在上一节，我们发现，基本粒子可以表现为微小的实物，也可以表现为波。下面我们来看一个实验，实验得出的结果纯属偶然。后来，实验人员不得不因此大老远地跑到瑞典去领诺贝尔奖。这个实验阐明了量子力学的本质。

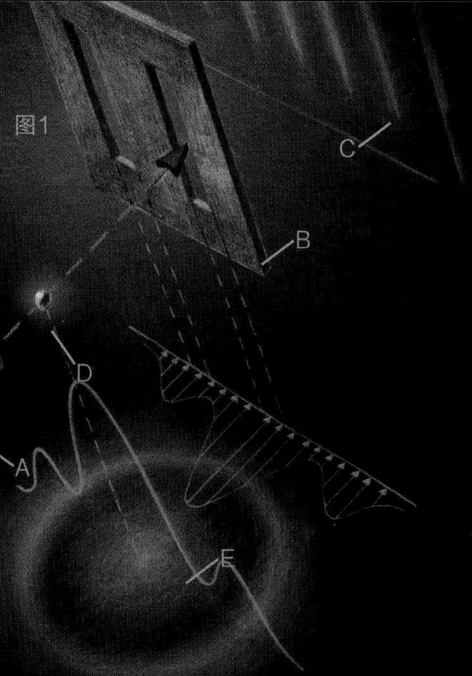

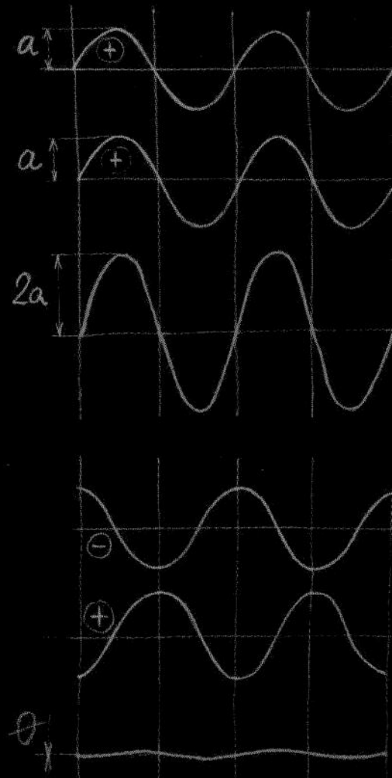

首先，我们需要一个粒子源（A），比如说电子源。我们还需要一块隔板，隔板上带有两个缝隙（B），在隔板后侧放置一个探测屏（C），用于记录粒子碰撞情况（图1）。我们瞄准第一个缝隙发射一个电子（D），预料它会从缝隙穿过，在探测屏留下痕迹。在粒子较大的情况下，这种实验结果无疑会跟我们设想的一致。但是，基本粒子（包括电子在内）遵循量子力学定律。它的位置是不确定的，在空间飘忽不定，产生概率波（E）。因此，电子在同一时间穿过第一和第二个缝隙。隔板后侧的波影响彼此的强度，使它们变得更强或更弱，这种现象被称为"干扰"（图2）。这个电子自己干扰自己，因此，在探测屏留下神秘的条纹。现在，我们都懂这种现象的成因；但在当时，这一结果却令实验人员感到迷惑不解。然而，量子力学还发现了一些其他现象，绝对堪称神秘莫测。例如，一个粒子（更确切地说，是它的概率波）能够像穿越隧道一样穿透从理论上说无法穿透的障碍物，进入它不可能进入的地方。另一个奇特的现象被称为"波函数坍缩"。实际上，我们无法亲眼看到概率波。如前所述，如果我们盯着一个粒子，就会影响到它的行为。因此，在任何观察粒子的实验中，概率波立刻就会坍缩，结果我们只能发现它存在于某个具体位置，每一次测量它，它都会换一个位置：经常出现在它出现频率高的地方，而很少出现在它出现频率低的地方。物理学家采用各种不同办法，试图克服这一"缺点"。有一个理论独辟蹊径，终于攻克这个难题，我们将在下一节予以解释。但是，你要做好心理准备，它听上去有些吓人。

加莫与丹尼尔·鲁宾激烈争吵后，整整一周鲁宾都没来上课，学生宿舍也不见他的身影。丹尼尔和加莫再也没在棚屋出现，而胡琪、乌雷和柯基依然在那里会面。

"考哲说他在这个黑暗时代滞留许久，这话是什么意思？他是说我们这个时代吗？我们这是活在黑暗时代吗？"柯基沉思道。

"我也感到奇怪，"乌雷说，"你没听出他话中隐含的意思，史前时代的人比我们现在先进得多？他还提到克罗马农人。在我的想象中，他们是披着猛犸象皮的野蛮人，躲在洞穴里冻得瑟瑟发抖。"

"我查阅了关于克罗马农人的资料，"胡琪说，"有一件事情令我特别关注。研究人员仔细检查克罗马农人的骨骼化石后发现，他们的大脑比我们当代人的更大。他们在地球上生活了50 000年之久，之后销声匿迹。他们竟然踪影全无，真是难以置信！"

"你说我们该怎么办？退学，跑到森林里去，好让我们的脑袋也变大？"乌雷想开个玩笑，却没有达到效果。

"或者，我们可以利用外层空间的通道去另一颗星球。"柯基一本正经地说。

"你认为，我们能跟考哲和鲁宾一起飞走？"乌雷犹豫不决地问。

"也许，永远回不来。"柯基接着说，语气很严肃。

"噢，不！"胡琪叹息道，"我们的父母怎么办？你的妈妈怎么办，柯基？难道你要把她一个人留在这里？做这么重要的决定，可不是件容易的事情。"

"好吧，我们只在那里稍作停留，"柯基回答，

"然后，萨满会把我们送回来。"

"把命运交到安申人或萨满手上，我可不放心，"乌雷表示反对，"很显然，有些人根本不称职：他们竟然把加莫送到15 000年后的世界，把鲁宾变成婴儿。"

"我们设计飞船的目的是干什么？"柯基很生气，"难道只是闹着玩？我们只是自欺欺人，其实哪里都不想去？我们待在这里，就能把两万人送到未知的太空？"

一阵尴尬的沉默过后，胡琪开了口："柯基，也许你说得对，我们只是闹着玩，但这并不意味着你不能做出伟大的发现。你所需要的只是纸和笔。建造科学仪器、加速器以及火箭等，科技进步过程都是这样起步的。刚开始做研究，还有别的方法吗？我们根本进不了太空研究院的大门。我们还缺乏经验，可也不想等到我们努力获得所有的资格证书。就我而言，在遇到真正的外星人之前，我们做的这一切都很值得。柯基，我来正面回答你的问题。此刻，我不知道自己究竟想不想飞往太空。我从没料到机会来得这样快，还没有做好心理准备。"

"他们并没主动发出邀请，我们还不一定能有机会，"乌雷为了缓解紧张气氛，说道，"很可能，鲁宾已经改变主意，跟考哲一起离开了这里。我们的争论毫无意义。"

胡琪缄默不语，乌雷的话戳到了她的痛处。尽管她不肯承认，但是鲁宾的消失令她感到焦躁不安。有时候，她脑海中会浮现他的面孔，她意识到自己爱上了他。他连再见都没说，这令她感到很伤心。

"我知道你们可能不相信我，但是，如果鲁宾离去，再也不与我们相见，我肯定会很伤心。"柯基说，似乎看透了胡琪的心思。

五六天后，三人来到棚屋，发现屋门没有关。加莫坐在桌子前，正在玩一叠纸牌。

"你们想不想知道，多年来我在这里是如何谋生的？"他说，算是打招呼。见没有人搭话，他接着说："我到各种场所去玩纸牌，确切地说，是用纸牌赌钱。懂得传心术，是我最大的优势。我从没找过正式工作，没有伙伴，也没有朋友。原因在于，我思乡心切，无暇他顾。每时每刻，我都在盼望能够收到外面的信息或信号。你们无法想象那种孤独感，甚至这副老迈的躯体都不属于我。假如我用心规划一下，肯定能赚大钱，过上帝王一样奢华的生活。但是，那样就意味着我将会彻底丧失自我。我暗暗下定决心，绝不能丧失自我。我非常后悔，日子就这样一天天从指尖上白白流过。在家乡，我喜爱暖春或盛夏夜晚的味道；但是，在这里，我只感到冰冷。"

柯基鼓了鼓勇气，问道："你知道丹尼尔在哪里吗？"

"他已经找到了通道。"加莫回答了柯基没有问出口的问题。

"这么说，"胡琪犹犹豫豫地说，"你们要走了？"

"我无法肯定。还有一个重要条件。"

"什么条件？"胡琪问。

"你们三个也必须到场。"

第三部分：时间

"你是怎么知道，丹尼尔将会在我们学校学习，有一天他会去棚屋，而你会在那里与他相见？"在去见丹尼尔的路上，胡琪问加莫，"你在份地花园已经生活了几十年，是吧？"

"其实，我并没有绝对把握，"加莫回答，"我又不是萨满。瑞域星球的萨满德高望重，他们负责与外星先进文明直接接触。我没有那种能力，我只是在梦中接收一些零散信息。听上去有些奇怪？其实，你们地球人在梦境中也会收到其他文明的信息，只是你们无法正确解读这些信息，因为大脑把它们与日常生活发生的事情搅和在一起。说实话，我也动摇过，尤其是（利用传心术）得知你们关于太空旅行的设想那么幼稚。"

"因此，你就等待丹尼尔出现。但是，如果柯基没有邀请他去棚屋，或者，如果丹尼尔没有主动开口跟柯基说话，又会怎么样？"

"萨满注定会接近你们。他只向你们展示自己的特殊能力，他受邀进入你们的棚屋，单凭这两点就可以看出，其背后肯定有某种星际力量在操纵。他之所以这样做，恐怕并不是完全由自己意志决定的。"加莫说。

"这么说，我加入他们一伙，也绝非偶然？否则，我们不可能一起研究你说的'幼稚'飞船，丹尼尔也不可能指出其中的计算错误。"

"巧合究竟存不存在，谁知道呢？"加莫若有所思地说。他们一边说，一边走向丹尼尔选择的约定地点。他们在一片杂草丛生的地方停下来，那是一个早已废弃的铁路仓库，距离份地花园步行仅几分钟路程。附近有一栋摇摇欲坠的黑砖建筑，以前可能被用作蒸汽机车的库房。然而，古老的蒸汽机车早已被送往废品堆放场，只剩下锈迹斑斑的铁轨和腐朽的枕木，见证过它们昔日的荣耀。

"我们就好像是儿童剧院中的木偶被人操纵，这种感觉真不爽。"胡琪说。

"你不妨换个角度来理解，"加莫解释说，"根据安申人的观点，你迈出的每一步，呼吸的每一口气，心脏的每一次跳动，都是预先注定的。据说，安申人中有一些雷玛，他们能感知四维或更多维空间。他们一眼就能看透你的整个人生——从出生到死亡。关于这一点，你可能会说，没有人能够左右别人的未来。"

"那样的话，我就躺倒在地上，什么事也不用考虑了。"柯基说。

"如果你命该如此，那就如此。"加莫像哲人一样点点头。

"现在还不能躺下，"乌雷警告说，"鲁宾来了。"

即使从远处，你也能看出丹尼尔整个人发生了脱胎换骨的变化。加莫对丹尼尔的态度，跟上次两人在棚屋相见时完全不同。一位老人带着无比的虔诚和敬意跟一个男孩交谈，这情景看上去很奇怪。丹尼尔言行举止老成持重，令乌雷他们目瞪口呆。

"亲爱的朋友们，请允许我向你们表达诚挚的谢意，"丹尼尔语气庄重，"你们大驾光临，我感到很荣幸。大家齐心协力，才能举行变形仪式，进入外层空间的通道，这样我们无形的灵魂就能在宇宙空间旅行。在踏上另一颗星球之时，我们将会获得一副新的身躯。这是太空旅行者能够在另一颗星球上生存的唯一方法。变形不仅仅是为了保护我们自己，更重要的是防范一种极为严重的危险。"

"什么危险？"柯基问，看上去有些焦虑。

"微生物，"加莫替丹尼尔回答，"你们在设计太空飞行方案时，根本没有考虑到这一点。我对地球上人类历史的了解不太多，但我知道，欧洲国家发现新大陆时，造成当地人口数量锐

减，并不仅是因为征服者拥有先进的武器，更重要的是因为他们携带了致命微生物。普通感冒对欧洲人几乎没有影响，但是对那个大陆居民而言却是致命的。你能想象，假如你在另一颗星球上打个喷嚏，会造成多大灾难吗？流感可能会大规模暴发，甚至毁掉整个星球的文明。"

"作为重要的安全措施，还有一个原因，"丹尼尔补充说，"太空旅行者踏上一颗星球时是全身赤裸的，因此，他们不得不把武器留在故乡。"

"你们在自己的星球跟在这里不一样吗？"乌雷问道。

"我们来自瑞域星球，那里的重力大致相当于地球的五分之一。因此，我们的身体在进化过程中跟地球不一样：我们的人体形偏瘦，身体比例也稍有不同。"加莫说。

接下来一片沉默，加莫与丹尼尔彼此对望。显然，他们正在利用传心术讨论什么问题。

在此期间，乌雷对胡琪小声说："如果不能随行，我会感觉后悔不已。附着在一副外星人身躯上，在那里跑来跑去，肯定很好玩。你的鼻子也会变得小一点，我们就不会再叫你'胡琪'了。"

"住嘴！你在说什么，鼻子？你是说我鼻子大？"胡琪惊声问道。

"呃——你的绰号是怎么来的？"

"你个白痴，原因在这里。"胡琪说。她把衬衫袖子撸到肩膀处，露出一道长长的白色疤痕，疤痕一端形状有点像弯曲的钩子。

丹尼尔转身走开，他伸开双臂拨开杂草，就像潜水者探寻水下泉眼一样。"找到了，"他向众人招了招手，"在这里！"大家都朝那边走去，柯基边走边寻思：为什么这样不起眼的地方会被选中？"在地球上，这样的门共有多少？"他大声问道。

"共有五扇，"加莫回答，"'五'是整个宇宙中神圣的数字。"

"仅有五扇？仅有五扇，其中一扇距离我们的棚屋仅几百米远？这也太巧了吧？"柯基惊叹道。

"也许，现在你对巧合有了更深入的了解。"加莫低声说。

几个人屏声静气，围成一个圆圈。头顶上空小鸟啁啾鸣啭，附近公路上车辆川流不息。六月和暖的黄昏，花草香飘宜人，夹杂着老旧橡木轨枕散发出的焦油气味。

丹尼尔向众人说道："为了激活通向外层空间的入口，我们还需要三个人。他们必须才智过人，想象力丰富，最重要的是，要具有一颗纯洁的心。这就是所需的条件。"

"你是指我们三个？"乌雷问。

丹尼尔点点头，这是那天他第一次露出了笑容。胡琪还在为乌雷说她鼻子大而恼火，她一脸狐疑地望着乌雷，非常怀疑他的智力水平。然后，她转向丹尼尔说道："但是，你知道，我们三个不会跟你们一起去。"

"我当然知道，也理解你们所做的决定，加莫更能理解。不管怎样，我们最后还要感谢你们一次……就我而言，我感到格外荣幸……"丹尼尔哽咽得说不出话来。突然，他走到胡琪跟前，双手轻轻放在她的面颊上。还没等大家反应过来，丹尼尔又突然折回去，提高声音说："仪式正式开始！"

他们围成一个圆圈，人与人之间靠得很近，眼睛注视地面。过了一会，他们感到身心愉悦，犹如进入午睡状态。在圆圈中央，空气开始发出微弱的亮光。很快，这团空气变成一个熠熠发光的气球，外表呈半透明状。气球慢慢变大，直径膨胀到大约3米。

加莫看了每个人最后一眼，礼貌地鞠了鞠躬，毫不犹豫迈步上前。神奇的金色圆球瞬间把他吞噬，他的身体悬浮在空中，距离地面几厘米。接下来发生的事情犹如一部低成本的恐怖电影中的场面。加莫开始变形。他的胳膊长出一些长长的触须，突然之间，他整个身体长出更多触须。在亮闪闪的金色球体内，加莫以令人炫目的速度，不断幻化成各种狰狞恐怖的怪物。触须急剧增殖，数量成千上万，形状酷似细长的蚯蚓。数秒间，加莫整个人变成了一团缠绕纠结的细丝，接着变成红色的迷雾，最后烟消云散。随后，丹尼尔迈步走入可怕的球体之中。

我们如履薄冰，需要格外小心。本书内容听起来难以置信，但是基本上都已经得到科学验证。下面的理论虽然尚需证据加以支撑，尽管如此，我们应当懂得科学具有不确定性。

平行宇宙

首先让我们来总结一下量子力学是如何描述基本粒子所处位置的。一个粒子在空间的位置并不固定，而是飘忽不定，我们利用概率波描述它可能出现的所有位置。但是，如果我们想要观察粒子，概率波就会消失，也就是说，波函数将会坍缩，结果，我们看到粒子所处的位置已经确定，跟我们日常看到物体的情景一样。然而，这种现象与量子力学不相符：物理学家们已经证明，在任一时刻，一个粒子能够同时出现在不同位置。但是，人类因为认知能力有限，不可能在同一时间观察到两个不同位置。

那么，我们该怎么办？有一个办法可以解决这一矛盾，但是它需要我们跳出旧有思维模式的束缚。提出解决方案的是休·埃弗雷特（Hugh Everett）。1956年，年轻的埃弗雷特还是一名博士生，就提出了平行宇宙的量子理论。他在理论中认为，如果我们想要接受量子力学的定律，就必须把这个世界分割开来，不仅仅是分成两个或三个，而是分成无数个。在每一个世界，粒子占据特定的位置。有些现象跟在地球上一样，有些则几乎不可能。我们可以想象得到，埃弗雷特的同事们认为他的想法太疯狂。更疯狂的是，近年来，很多科学家又把这一理论重新拾起来。因此，我们不能排除下面的可能性：此刻，成千上万不同版本的你正在阅读本书。在量子多重宇宙中，存在各种可能性。某个版本的你身体可能覆盖着绿色的鳞片，因为那个世界里恐龙并没有灭绝，而你是从一枚恐龙卵孵化出来的。另一个版本的你可能是一小朵气体云。还有一个版本的你可能具有大大的耳朵和一条尾巴。也许，在一个这样的世界里，你正在阅读的这本书编写得更好，更容易读懂。

漂浮闪烁的金球突然爆裂消失。那一刻，胡琪感到头部一阵剧痛，一声巨响震耳欲聋。她看到乌雷和柯基双手捂着头部，脸上露出痛苦的表情。地动山摇过后，一切恢复如初。小鸟依旧叽叽喳喳，远处城市的喧嚣声再次传来。柯基扑通一下跪倒在地，呕吐起来。

"这个噩梦真是太可怕了！"乌雷喘不过气来，哽咽着说，"谁能经受住这么严峻的考验？"

"还好我们没有跟他们一起去，"柯基费力地从地上爬了起来，"我可不想变成一团血肉模糊的蚯蚓。"

"很庆幸，我们留在这里。"胡琪神情恍惚地低声说道，仿佛自言自语。

"等一下，"乌雷望了望四周，"我不敢肯定，我们是不是留在原地。"

"判断正确，"柯基表示认同，"那台生锈的蒸汽机车竟然跑到了那里？"

"真奇怪，"乌雷顺着柯基所指的方向看去，"但是，更奇怪的是，为什么突然之间变成了上午。"

"你怎么知道是上午？"柯基问。

"瞧，"乌雷挥了挥手，"影子在那边，太阳在东方。"

车站站房上方低悬着圆圆的红色太阳，他们站在那里望了一会。

"我是猴子的叔叔[达尔文进化论认为人是猿猴进化而来的，当时引起很大争议。"Well, I'll be a monkey's uncle."（你要是这样说），那我就是猴子的叔叔。后来演变为表示惊讶的口头禅。]，"乌雷突然尖叫起来，"天哪！"

"你是什么意思？"柯基吃了一惊。

"瞧，太阳正在落下，那边却是东方！"乌雷嚷道，"这里不可能是我们的地球！"

"等一下，"柯基说，"鲁宾说过，当我们进入另一个世界，我们就会重新拥有一副躯体，而且浑身赤裸。显然，我们并没有这样。不过，如果胡琪裸体，那肯定很有趣。"

柯基最后这句话使恍惚的胡琪警醒过来。"闭上你的臭嘴，柯基。不然，我一脚踢死你！"她怒气冲冲地说，"还有，你不仅要换一副躯体，脑子也该换换。一天之内，你们两个让我受够了。"

等到胡琪消了气，乌雷说："我们肯定是跟他们一起来了。至少，我们真的到了另一颗星球。等过一段时间，那些萨满会把我们送回故乡的。这个世界有点怪异，我可不喜欢。我们举目无亲，不知道该怎么办。"

"我刚想到一个办法，"柯基说，"我们应当睡觉。"

"你的意思是说，这一切只是一个噩梦，等我们醒来之后，就会恢复正常？"乌雷表示怀疑。

"不。你还记得加莫是怎么说的？在梦中，我们能接收信息。也许，他们能够得知我们在瑞域星球的处境，以梦境方式给我们提供一些建议。"

"我不知道自己能不能做梦，"乌雷沉思道，"还有，既然说到睡觉，我们今晚在哪里睡觉？"

"我建议，在我们的棚屋里，"柯基说，"不过，我拿不准，那棚屋是我们的，还是他们的。"

"嘿，伙计，太好了，我们可以在那里跟自己见面。我已经迫不及待地想看看我在这个世界该有多帅。"

"是，你们正好可以抓住眼前的机会讲一些愚蠢的笑话。"胡琪说，又一次被激怒了。

"难道我应该哭？"乌雷表示反对。

"我有一种预感，我们很快就会泪流成河，"胡琪说，"你们两个蠢货，似乎还不清楚我们目前处境有多糟。"

胡琪、乌雷和柯基来到棚屋门前时，天几乎黑了。一路上，他们提心吊胆，生怕有什么东西从暗处窜出来，所幸一个活物都没遇到。柯基把手伸向藏钥匙的隐蔽处，却发现那个隐蔽处不见了。

"我找到了，"乌雷小声说，"钥匙在房门另一侧。"

他们走进棚屋，拉下窗帘，点燃一根蜡烛。

"瞧，这里没有我们的太空旅行图纸。墙上只有那幅飞向火星的火箭草图。"

"也许我们回到了在棚屋遇到女老板之前的时光。"柯基打趣道。

"别傻了，"乌雷说，"他们这里跟我们地球一样现在也是初夏。"

"那么，还有一个可能：在这个世界，眼前这位可爱的女性朋友并不是我们的朋友。"

"显然，在这个世界，我比你们头脑清醒得多。"胡琪讥讽道。

"我们就快画出太空旅行图纸。"柯基说，从桌子抽屉里拿出一本速写簿，迅速翻了翻。

"嗨，我刚想到了一件事，"乌雷突然说，"考哲可能还在份地花园！假如当时你还没到这里来，"他看了一眼胡琪，"那么鲁宾也就没有加入我们，这意味着，加莫还依然滞留在茅舍中。"

他们走出棚屋，夜幕在远处城市灯光作用下略微明亮一些。他们的眼睛很快适应了昏暗环境，待到达目的地后，面前的景象出乎意料。

乌雷率先开口叫道："天哪！"

那里原本应当是加莫的花园房屋，此刻却是几块菜畦。

在棚屋里睡觉，可不是那么舒心的事情。乌雷睁开眼睛，在透过窗帘缝隙照射进来的光线下，又眯了眯。他躺在地面临时搭建的床上，虽然感到腰酸背痛，却懒得起来。"我有点饿。"他想了想。

柯基已经醒来。胡琪睡在沙发上，盖着毯子，此时也有了动静。

"这里有什么吃的吗？"乌雷低声问。

"去炉子上方那个饭橱找找看，那里以前经常会放一些巧克力华夫和饼干。"

"华夫，太好了，"乌雷说，"这一块是草莓味的，接住！嗨，胡琪，你想要一块吗？有几块里面有无花果。"

"我还是喝口水吧，"胡琪说，依然睡眼惺忪，"有没有人梦到什么？"

"不太清楚，"柯基回答，"只是一堆垃圾。我仿佛记得有大海，然后我就进了监狱，再后……"

乌雷跳起来，跑到门口，把吃到嘴的饼干吐到被露水打湿的野草上。"呸！华夫真难吃！早就应该扔掉了。"

"华夫看上去还没有过保质期，让我来尝一尝。"柯基说。几秒后，他也把华夫吐了出来。

"如果这里的食物不能吃，我们该怎么办？"胡琪一脸焦虑地问。

"也许这个世界的人口味跟我们不一样。等一下，在我们那里，隔壁花园里樱桃已经成熟。樱桃是自然生长，不是制造出来的，无论哪里味道应当都一样。"乌雷说完冲了出去。几分钟后，他带回一把成熟的樱桃。他拿起一颗小心翼翼地放到嘴里，立即眉头一皱，吐了出来。显然，这是一个难题。

"不吃食物，我们大概能活一周。但是，没有水，顶多能活两三天。"

"可恶！"乌雷骂了一声，"水分子只不过是由两个氢原子和一个氧原子构成，这里肯定也是一样。否则，我们现在不可能呼吸。"

"花园入口处有一口井，"柯基说，"让我们做个小实验。"他抓起一个空柠檬水瓶，冲了出去。回来时，瓶子被洗得干干净净，里面装满了清水。

"谁想做小白鼠？"

"让我试试。"胡琪说。她把瓶子放到嘴边，抿了一口，点点头，然后津津有味地喝起来。喝完后，她把瓶子还给柯基说，"这里的水真好喝"。

"时间不等人，"乌雷说，"我们必须在七天之内离开这个鬼地方。"

"我也梦到了大海，好像是在码头，到处都是警察。他们正在把某一个人押上警车。"他回忆说。

"你有没有看到一座钟楼？"

"噢，是的。一个码头和一座钟楼。"

"那肯定是罗克索港，"胡琪叫道，"去年夏天，我和爸妈到过那里。我们还从那里坐船到希尔岛。"

"打住，"柯基说，"我试试把钟楼画出来。"

胡琪突然转过身，柔弱的肩膀颤抖了起来。

"露西，你哭了吗？"柯基诚惶诚恐地走到她跟前。

"父母肯定会为我担心。尤其是我父亲，我了解他，他肯定会急疯的。"

"别伤心，"柯基有点尴尬，"我们都做了同样的梦，这绝不是巧合。加莫他们知道我们在哪里，很快就会来帮我们的。"

"可是，我们为什么会梦到那个该死的罗克索港，"乌雷沉思道，"那里能有什么？显然，我们最好还是在这里等待。"

中午以前，他们把一切收拾得干干净净，然后，带着饥肠辘辘的肚子到车站站房藏起来，以免现在的自己吓到原来的自己。等到太阳从东方地平线落下以后，他们像做贼一样偷偷潜回棚屋，结果发现白天并没有人来过。"真懒！"乌雷吐槽他们原来的自己。

夜里，他们又梦见了那个港口。毫无疑问，梦境指向了罗克索市。胡琪还回想起来，她在一间昏暗的房间跟一个陌生青年说话。

"好吧，我们不用再考虑了，赶快去罗克索。"他们吃完早饭，也就是只喝了水之后，柯基做出决定。

"怎么去那里？"乌雷问，"我们现在身无分文。"

"我知道妈妈把钱藏在哪里。"柯基说。

"你竟然偷妈妈的钱？"胡琪惊声问道。

"得了吧。在这个世界，她又不真是我妈。我们不能在这里无所事事，坐以待毙。信号已经非常清晰！"

他们踏上旅程，由此引发一系列其他问题。柯基的钥匙打不开自家的大门，只好到邻居家里去拿备用钥匙。柯基尽量装得跟平时一样，希望在这个世界不会被人看穿。尽管邻居老太太从门缝里把钥匙交给柯基时看上去有些惊讶，但是显然他成功了。打开自家大门后，他们没找到钱。最终，柯基偶然在餐具柜一些碗碟下面找到了钱，但是远没他预想的那么多。看到纸币跟地球

上不同，他们没有感到奇怪。奇怪的是，所有面值纸币上都印着同一个人的头像，可能是这个国家的统治者，他露出慈祥的笑容，却显得装模作样。

城市和市民看上去都死气沉沉。建筑物很丑，裂缝遍布的墙面悬挂着奇怪的标语，而且往往伴有纸币上那个人的巨幅肖像。商店的货架没有琳琅满目，反而有一半空置，橱窗一点也不绚丽明亮，甚至用木板封上。大街上车辆很少，其中大多数都是警车。人们行色匆匆，互相不打招呼，也没有一丝笑容。

他们感觉庆幸的是，火车站还是在老地方。不过，车站周围到处都是成群结队的治安警察和铁路警察，对过往人员随机进行检查。看那架势，似乎是在搜捕一帮越狱犯。他们几个尽管形迹可疑，却没有受到任何阻拦。在火车站，火车时刻表上的地名他们一个也没听说过。他们不得不在地图上找到罗克索港，记住它在这里的新名字。胡琪饿得肚子疼，柯基因为饥饿而不时发脾气，乌雷见到什么都骂，所用的语言本书无法描述。

他们凭借出奇的好运气，闯过一道道难关，登上了火车。上车后，大家终于长舒了一口气。一节车厢里只有他们三人，随着火车启动，车厢里的气氛一下子轻松了许多。十分钟后，列车员走过来，胡琪把车票递给了他。他审视他们一番，然后，以冷冰冰的声音要他们出示身份证。

"我们没有身份证。"胡琪说，非常沉着冷静。

"哦，啊，真有趣。"列车员嘲讽道。

"我们还未满15岁。"胡琪撒了个谎。

"未满15岁？"列车员一脸诧异，"那么，你们的父母或监护人呢？"

"我们要去……"胡琪完全忘了罗克索在这里的名称，"……去一个港口，参加我奶奶的丧礼。我们的父母昨天已经先行前往。我们今天上午要到学校上交期终书面论文，因此拖到现在才去。爸爸将会在车站等我们。"

"这么说，你们是姐弟？"列车员望了望柯基和乌雷，一脸狐疑地问。

"是的，我们俩是。乌拉迪沃伊是我们的表弟。"胡琪指了指乌雷，说道。

列车员又打量了他们一番，把盖有印戳的车票还给他们，祝他们旅途愉快，然后把车厢门带上。

"哎哟，姐姐，我真佩服。你是在哪里学会这么高超的撒谎技巧？"柯基咧开嘴笑着问。

"就在这列火车上。"胡琪说完舒舒服服地坐到一个红色人造革座位上。

"有谁知道，我们到罗克索（天知道那个港口在这里叫什么名字）之后要做什么？"乌雷嘟哝道。"还有，"他又接着说，"你与我比你与柯基更像姐弟……你为什么给我起那么个难听的名字？"

"好吧，下次我说你是我的弟弟。还有更好的办法，你自己也可以编造谎言。让我休息一下，我累坏了。旅途需要三小时，我要睡上一觉，我建议你们也睡一会。也许，我们在睡梦中能发现下一步该怎么办。"

车轮撞击铁轨的节奏宛如一首摇篮曲，三个人很快就打起了盹。火车在第一站刹车时发出刺耳的声音，也没能把他们从沉睡中唤醒。车厢门突然打开，使他们惊醒过来。列车员站在门口，身旁站着两位铁路警察。

"快起来，你们这些骗子，"列车员粗暴地抓住柯基的胳膊，嚷道，"动作快点，你们的旅程到此为止！你们借口说自己未满15岁，没有身份证，以为这样就能骗得了我吗？你们是从火星来的吗？我们可不是生活在丛林里的野蛮人，从五岁开始就都有身份证，知道吗？"

他们站在一座未知城市的站台上，依然半睡半醒，被充满敌意的警察包围。火车重新启动，慢慢消失在远方的地平线。

"谁知道我们这是在哪里？"胡琪悄悄地问。

"我来告诉你在哪里，"乌雷一脸苦相，"在困境中。"

随后，他们被带到警察局，遭受了漫长、难熬的审问。绝望之下，乌雷决定如实相告，他们误闯这个世界，可能是被仪式的残余能量推送过来的。他们参加某种激活通向外部空间的仪式，以便把两个外星人送回自己的星球。警察听完他们的故事，对他们失去了耐心，随后把他们关进牢房。

晚上，看守给他们拿来晚餐以及一个装满茶的破旧热水瓶，啪的一声放在地上。

"我们只想喝水。"柯基表示抗议。

"孩子，你们没得选择。这里人人都喝茶。等你们渴了，自然就会喝的。"

胡琪惊醒过来。她感觉自己在发热。两个男生已经起床。她注意到，他俩的嘴唇因为口渴而干裂，柯基还出了可怕的疹子，估计已经蔓延全身。"你有没有梦到什么？"乌雷低声问。

"我又遇见那个陌生人。"

"是鲁宾，还是考哲？"

"都不是。"

"我没有收到这样的信息，"乌雷摇摇头说，"我没有做梦，我恐怕甚至连觉都没睡。柯基，你呢？"

"不清楚，我可能精神错乱。我梦见一处美丽的风景，那里有很多巨大的蓝绿色树木。"

"啊，"乌雷哼了一声，"现在看来，这些梦一点用都没有。今天，我们得用花言巧语从那些黑猩猩那里骗些水来，不然，我们就会像沙滩上的鱼一样被晒干。"

"那又有什么两样？"柯基尖声说，"即使我们今天不挂掉，明天或后天还是会死。瞧瞧我们！谁知道我们在这个世界染上了什么疾病？"

"我想不出办法。你们两个怎么样？"胡琪一脸疲倦地问。

气氛有些压抑。很快，沉默被急匆匆赶来的看守打破。

"你们在玩什么花样？"看到昨天的晚餐原封未动，他吼叫起来，"绝食抗议，是吗？如果在这里玩那一套，你们会后悔的！"

"能给我们拿点水吗，先生？"胡琪尽可能低声下气地恳求道。看守没有搭腔。他只是气呼呼地用钥匙锁好门，走开了。临近中午，看守再次回来。

"你给我们带水来了吗？"胡琪满怀希望地问。

"没有。你起来，跟我一起走！"

"你要把我带到哪里？"胡琪提心吊胆地跟着看守穿过昏暗的走廊，问道。看守没有理会。然后，他打开一个破旧房间的门，房间里有两个带铁栅栏的桌台。其中一个桌台后面坐着一名陌生的年轻男子，脸上一副悠然自得的表情。

"这位客人来看你，"看守说。"十分钟后我就回来。"

"这个给你，"陌生男子说，透过铁栅栏递给她一小玻璃瓶水。

"你恐怕不认识我，对吧？"他笑着问。胡琪大口喝起水来。

"不认识，"喝完水，她上气不接下气地说，"你还有吗？我真希望能带点水回去给两个朋友喝。"

"没有了。不过，好在你们现在不需要了。"

"你是谁？"

"加莫。"

"加莫？"她瞪大了眼睛。

"加莫，又名考哲。我回到了瑞域星球的家，这距离我离开家仅仅过去两周时间，等于地球上的40年。我又回到了25岁，感到很高兴。萨满们立刻察觉到你们在仪式结束后遭遇的情况。你们离门太近，被弹射到了平行宇宙中的这颗星球。然而，我们没有能力从瑞域星球来到平行宇宙，萨满委员会只好向安申人寻求帮助。就这样，他们派我们来救你们出去。我们必须尽快摆脱这个悲惨的世界。"

"丹尼尔也在这里？"

"是的，他就在这栋建筑里。"

"怎么可能？你们什么时候到的？"

"我的命运似乎注定就是要等待。我和丹尼尔比你们早半年来到这里。"

"如果我没理解错的话，丹尼尔也被关在这里？"

对我们这样生活在三维世界的生物而言，几乎无法想象四维空间是什么样子。我们不得不承认，人类也许永远无法解开这个世界的所有秘密。原因当然很多，这只是其中之一。

四维空间

然而，人类尽管对某些知识没有亲身体验或感知，却依然能够叩开它们的大门，"四维空间"概念就是一个有力的例证。数学家在这方面具有优势，懂得如何处理四维问题，例如，他们能够计算四维立方体（被称为"超正方体"）的体积。但是，他们无法用图形描述四维空间的真实样子。只有天生能够感知四维空间的生物，例如下图中的生物，才能够看到那究竟是什么样子。它还能够看见三维空间里的东西。人类作为三维空间的生物，还能够看见二维空间里的东西。而在二维空间里，如果一个东西被无法穿越的屏障挡在背后，二维生物就无法看见。

"是的，我们一到这里，他就被关了起来。我被关了几个星期，然后释放出来。他们不准我离开这个城市，并监督我在一家养殖与加工肉鸡的工厂劳动。情况糟透了。他们如此残忍虐待动物，总有一天会受到惩罚的。"

"他们为什么把你们关起来？"

"你知道，想要进入另一颗星球，你就需要经历所谓的'变形'：换上一副该星球居民的身躯，跟其他居民一样正常生活。然而，你们不是来到另一颗星球，而是进入了平行宇宙，所以不需要变形，这也意味着你们在此地活不了多久。回到刚才的话题：我们为什么被关起来？六个月前，当我们来到这个鬼地方时，当然是赤身裸体。问题在于，通道的出口原本应当靠近你们的棚屋，结果却阴差阳错，挪到了该市市政广场的正中心。凑巧的是，当时大批民众正聚集在那里。有人在那里发表公开演讲，到处都是警察在巡逻，其中还有很多便衣。他们立即以煽动叛乱和政治挑衅的罪名，把我们投进了监狱。运气就这么糟糕。不然的话，我们就会在份地花园附近找地方潜伏几个月，然后就可以打道回府。现在，情况变得比较复杂。幸好，你们按照梦中接收到安申人的指引，踏上了旅途。我们原本还在担心，你们可能不相信梦境。顺便提一下，你在火车上撒的谎太逼真，却也暗藏着极大隐患。假如他们让你们继续待在火车上，末日很快就到了。"

"露西，听好了！我和丹尼尔制定了一个方案。过一会，他们就要给你们送午饭。庆幸的是，那些蠢货做事死板。看守送饭时，还是独自一个人。丹尼尔会迫使那个看守把牢门打开。"

"他如何能做到？你们有武器吗？"

"作为从另一颗星球过来的访客，我们绝不可能使用武器或暴力。我们将利用传心术，其实，这一手段也不太高明，因为它可能会给我们带来麻烦。通过研究看守们的思维，我们已经把这栋建筑里里外外摸得一清二楚。等一会，当我收到丹尼尔制服他那个看守的信号后，你就敲敲门，对你这个傻瓜看守说探视已经结束。等他过来带你走时，我来对付他。"

"丹尼尔曾经利用传心术跟我交流过。为什么这次他不直接给我们发信号说他在这里？"

"如果我们想利用传心术跟不具备这种能力的人交流，比如说你，就需要看着对方。"

"这样会显得有些尴尬。"

"我可以向你保证，我们不可能利用传心术跟那些看守眉来眼去。我和丹尼尔被关押期间，就一直在谋划这次突袭。一旦我和丹尼尔成功，你就把钥匙递给我，然后，我们去救那两个男孩。最后，我们在这里会合。"

"为什么在这里？我们在这里能干什么？"

"都是因为那些安申人。安申人帮助我们的方式往往出乎意料。他们会在这个房间制造并激活通道。等我们到齐后，随即开始举行仪式，离开这里。"

"其他那些看守怎么办？"胡琪问。

"监狱里没有其他看守，但是，火车站那里有五名警察。我希望不要惊动他们。"

突然，看守闯进来，大声喊道："嘿，探视时间已过。"

"可恶，"加莫暗暗骂道，"丹尼尔还没跟我联系。""看守，能再给我们一分钟吗？"他从口袋掏出一个厚厚的信封，今天这已是第二次了。

看守慢慢走到桌台前，抓起钱，熟练地塞进制服内侧口袋里。

"三分钟。"他嚷道，然后朝门口走去。

加莫身体一颤。"联系上了！"他低声对胡琪说。突然，他大声喊道："嘿，蠢货！"

看守猛地转过身，想要惩罚这个胆大包天的家伙，却瞬间僵在那里。加莫没有说一句话，但是，胡琪感到整个房间气氛顿时紧张起来。怒目圆睁的看守向后退去，直到后脑勺撞到墙上，慢慢跌倒在地，裆部洇湿了一片。

"快，露西，快把钥匙给我！"

胡琪从看守的腰带上取下一串钥匙，透过栅栏递给加莫。加莫跑出会见室，转瞬来到胡琪那一侧把门打开。他抓住胡琪的手，说："来吧，快走！"

他们跑向关押两个男生的牢房，途中，突然冒出一个瘦削的男子，从走廊另一头朝他们这边奔来，胡琪吓了一跳。"别紧张，那是丹尼尔。"加莫说，急忙用钥匙去开牢房的门。

"嗨，胡琪，这两个男子是谁？"

"柯基在哪里？"胡琪惊叫道。

"他们把他带去医务室。他喝了那该死的茶。"

此刻，警铃大作，警察的哨声尖厉刺耳。

第四部分：力

　　柯基睁开眼睛后首先意识到的是，医生们递给他一枚盛有凉水的半透明贝壳，他喝了几口。然后，柯基听到一个男子的声音，他不知道对方是在用嘴说话，还是在用传心术传入他的脑子。不管怎样，与上次丹尼尔利用传心术进入他的大脑相比，这一次令他感觉舒服多了。

　　"只有很少一部分人懂得，"那悦耳的声音对柯基说。"宇宙中最珍贵的财富是液态水。只有在温度和压强都适宜的很小范围内，才会有水。然而，宇宙并不是一个宜居的地方。星际之间，异常寒冷，而恒星周围，却又异常炎热，水在这些地方无法存在。很多人都想从垂死的恒星上寻找一种黄色金属（当指黄金），其实它毫无价值，他们并不明白，这个世界最珍贵的是汩汩流淌的小溪或晶莹剔透的露珠。但是，人毕竟是人，往往会把黄色金属之类当成宝贝。"

　　"这不是医生，"柯基意识到，"医生或病人都不可能被拉伸成细长的纤维。再者，周围的世界也不可能以令人眩目的速度飞速运转。"

跟四维空间一样，"无限"是另一个我们难以想象的概念。"无限"一词在数学中很常用，但是，数学只不过是人类大脑的产物，而大脑并不完美。在现实世界中，"无限"真的存在吗？

无限宇宙？

很有可能，宇宙的出生证上写有"无限"两个字。根据大爆炸理论，宇宙从一个具有无限密度、无限小的点爆炸而来。随后，宇宙立即迅速膨胀，很快，膨胀速度超过光速。在很短时间内，一粒豌豆大小的宇宙膨胀到无限大，比我们目前能观测到的范围大得多。宇宙膨胀体积如此之大，用"无限"加以形容，可谓十分贴切。但是，我们从下面内容可以看出，"无限"这个概念也令我们犯难。

试想一下，无限宇宙中有两件事完全巧合，简直令人难以置信。宇宙某处有一颗恒星，跟我们的太阳一样，还有一个跟地球一样的行星，围绕其转动。在那里生活的人跟地球这里完全一样。我能想象得到，读到这里，你和你的另一个自我肯定会摇摇头。两颗星球不光是居民一样，每一片叶子、每一个细胞和每一个原子也都一样。在数亿年间，发生的每一件事情都跟这里一模一样。在数亿年间，每一个电子的运动轨迹都跟这里一模一样。你肯定会说，这么多巧合发生的概率几乎为零。然而，我来给你展示一下"无限"的无限威力。你应该懂得，即使概率几乎为零，但是用它乘以一个无限大的数，得到的概率也会是100%。这就意味着，在无限宇宙深处某个地方，肯定有一颗行星跟我们地球一模一样！还有，我们完全肯定，跟地球一模一样的行星数量有无限颗。

让我们顺着上述疯狂的思路进一步说下去。我们强调的是，某个星球与地球一模一样，因此，如果你今天早餐吃草莓酱，而那个星球上的你吃橘子酱，我们就不能说这两者一模一样。你明白了吧。如果你和你的第二个自我都在同一时间仰望夜空，会怎么样？显然，你们两个看到的星星应该完全一样。你们并不只限于用肉眼直接观看，如果地球上的你有望远镜，或者，如果你到天文台，在那里能望见数亿光年以外的星空，那么，那一个星球的你还是会做同样的事情。否则，你们两个头脑中产生的图像就不一样，这也就意味着，两个版本的你并非一模一样。因此，如果我们说，在无限宇宙中，有一些跟地球完全一样的行星，那么，它们各自所处的宇宙范围也应该跟地球所处的宇宙范围完全一样，浩瀚无边。

我们把"无限"这个概念从数学理论的锁链中释放出来，放到现实世界，就会造成上述难以想象的后果。此时，理性开始站出来表示反对。如果我们假设宇宙具有边界，"近乎"无限，也许更好。不过，话又说回来……

"企图越狱，袭击狱警，非法绝食，"警察局长气喘吁吁地罗列他们的罪名，"换句话说，你们在本地的愉快假期已经结束。等一会，国家监狱将会派一辆囚车过来，把你们押走。我可以毫不掩饰地说，我们都会长出一口恶气。你们不用担心，那个长着鬈发的小丑（指柯基）跑不远。相信我，他出不了城。你们将会被送往感化院，你们可能听说过它以前名叫阿克诺德，一座戒备森严的监狱。有一件事我可以肯定，到了那里，你们和你们自作聪明的朋友再也耍不了什么花样。再见，我可不想再看见你们。"警察局长奸笑道，露出参差不齐的牙齿。

他们被押上简陋的囚车，坐在金属条椅上一路颠簸，一小时后，囚车离开公路，穿过城市，向北驶往阿克诺德监狱。丹尼尔与加莫垂头丧气。他们正在利用传心术讨论计划失败的原因。丹尼尔感到非常自责，更重要的是，他无法与其他任何人取得联系。安申人没有回音。胡琪精疲力尽，打起了瞌睡。乌雷两天没有喝一口水，变得越来越虚弱。

"乌雷，你敢肯定柯基是被医生带走的吗？"丹尼尔问，打破了沉默，"警察局没有急救室，他会把柯基带到哪里？"

"你想让我重复第三遍吗？"望着眼前这位35岁的昔日同学，乌雷有些不耐烦，"柯基渴得要命，就喝了热水瓶中的茶。然后，他感到腹部绞痛，瘫倒在地。牢门突然被打开，一名医生把他带走。我当时以为他是医生，但现在想来，我不敢肯定。"

"那会是什么人呢？"丹尼尔自言自语，"更重要的是，他会把柯基带到哪里？"

"后面的人闭嘴！"看守从隔窗的铁栅栏缝中冲他们喊道。突然，一个急刹车，大家的身体都向前倾倒。

一个皮肤黝黑、年龄不明的男子正站在高街（繁华的商业街，城市的主要街道）中央，他身上的衣服颜色绚丽，随风摆动。那衣服看上去不像是真的，好像是幻觉，实际上什么也没穿。一头灰白斑驳的长发，编成数十条细长的辫子，用彩带束起来。他赤着脚，表情异常安详。深邃的目光透着平和、恬静和友善。

在他周围，交通已经陷于停顿。人们纷纷向后退避三尺，以示敬意。喧嚣的闹市一下子安静下来。很多人因为动情而流下热泪，还有一些人相互拥抱。附近的人们都感受到了无限的自由和博爱，欣喜若狂。

在距离神秘陌生人仅几米远的地方，囚车停下来。两名看守下了车，其中一名走到车尾部，把门打开。车里几个人都迷惑不解。第一个下车的是丹尼尔。当他看到这座城市中心繁华大街上奇异壮绝的一幕，顿时惊得目瞪口呆。一股巨大的欣慰和幸福暖流从心底涌来，眼泪夺眶而出。

"安申人，"他轻声说，"是安申人。"

当你举目四望的时候，可能并没有想到，你看到的只是现实世界中很小的一部分。目前所知宇宙的整个空间充满各种电磁辐射，其中仅有狭窄的一小部分能够被人眼感知。因此，没有人知道无线电波、手机信号以及太阳发出的紫外线构成的世界是什么样子。

麦克斯韦彩虹

电磁辐射由两种横波构成，一种是磁波，另一种是电波。它们相互垂直（图1），以光的速度在空间传播。这些波的波长长短不一，有的长达几千千米，有的仅为几皮米（1皮米=1.0×10^{-12}米）。如果我们按照波长对电磁辐射进行排列，就会得到一个光谱，有时也被称为麦克斯韦彩虹（图2），以詹姆斯·克拉克·麦克斯韦（James Clerk Maxwell）的名字命名，19世纪末，他从数学角度对这种现象做过描述。每一个波段都有自己的名称，但是它们之间并没有严格的界限。它们尽管同属一种物理现象，却表现出各自不同的特征。

波长为30千米至10厘米的波段被称为无线电波，可以用来传输广播和电视信号（A），还可以用来传输手机信号（B）。接下来一个波段是微波，波长为10厘米至0.3毫米（C）（微波炉就是根据这些波命名的，因为它能够使水分子振荡，从而给食物加热）。穿过红外辐射波段，我们就来到波长为790~390纳米的重要区段，也就是可见光的波段（D）。麦克斯韦彩虹中这一狭窄的区段使我们能够看见这个世界。接下来是不可见的紫外辐射（E）（例

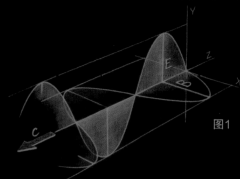

图1

如太阳发出的紫外线），然后是X射线（它能够穿透人体软组织，但是不能穿透骨头，可以帮助医生拍照，对现代医学功不可没）。光谱的末端是令人讨厌的放射性伽马射线（G），波长小于1皮米。伽马射线可以由核聚变产生，例如原子弹爆炸，对所有生物都具有潜在的致命伤害。请不要太紧张，在日常生活中，还有很多东西都可能给我们造成致命危害。

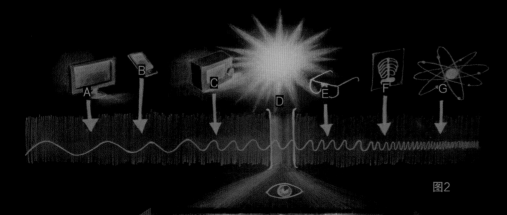

图2

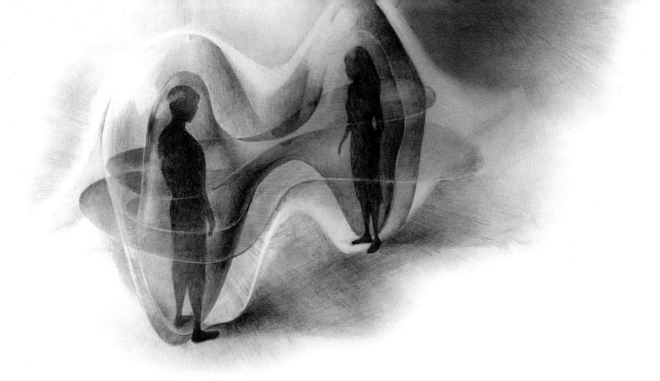

后来，当胡琪、柯基和乌雷回忆起这段冒险经历时，他们意识到这一刻每个人的体验都不一样。令人惊奇的是，即使是相同的场景，却感觉各异。不过，他们一致认为，从此以后，他们对世界的看法彻底改变了。

胡琪最后一个从囚车下来。看到看守彬彬有礼地为她扶着车门，她很是不解。看守尴尬地移开视线，咕哝了一句什么，似乎是在道歉。四个人没有出声，在神秘男子面前围成半个圆圈。男子微微点一下头，随后，他们在跌倒的同时被托了起来。

他们经过脱胎换骨之后，出现在安申人的世界。换句话说，我们从中可以看出天帝是如何创造安申人的。他们新拥有的身体跟以前在地球上几乎相同，但是，对世界的感知能力跟以前完全不同。每一种生物都被色彩斑斓的辐射光环包围，而那些色彩他们甚至说不出。他

们还听到一种极为低沉的声音，也许是这颗星球的呼吸声。小鸟鸣唱，昆虫嗡嗡，植物窸窣，这些声音频率都是他们以前听觉能力无法企及的。要说他们已经掌握了传心术，那完全是胡扯。比较靠谱的说法是，他们现在能够感知并理解身边人的精神实质。再者，他们还能够看穿彼此天性中的阴暗面，看穿彼此的内心秘密。不过，没有人因此对他人指手画脚，也没有人因此而自惭形秽。

他们一到这里，就受到柯基的热烈欢迎。但是，丹尼尔和加莫却不见踪影。

直到三天后，丹尼尔和加莫才赶来与他们团聚。胡琪看到丹尼尔的光环，既想笑又想哭。丹尼尔只好尴尬地笑了笑。在安申人的星球，他无法隐藏自己的秘密。

这个传奇故事起始于遥远的地球上某个城市郊区的一栋花园小屋，准确地说，那里距离此处达数千光年。接着讲下去之前，让我们利用这次独特的机会来探索一下安申人的世界。

安申星球的文明发展史跟其他星球相似。有一段时期，科学技术高度发达，随后陷于崩溃，导致整个文明差点灭绝。在长期、痛苦的进化过程中，他们逐渐积累经验，深深地印在基因记忆里。他们没有国家，没有钱币，没有军队，没有学校或书籍，也几乎不用工作。精神领袖们的权威并不在于他们握有强权，而在于他们弃之不用。他们理想中的社会就像一个沙滩。每一粒沙子的位置并不会固定不变，然而，整个沙滩却依然能够存在数万年。静止就会滋生腐化堕落、争权夺利，导致新的灾难降临。除了那些隐居的最高级"萨满"之外，其他居民都像牧民一样。每个人都有无限的自由，所有生物生而平等。他们的居住条件简陋，生活俭朴，周边环境就能满足日常所需。他们住在温暖的地带——避开极热或极冷区域。他们能歌善舞，喜欢各种打击乐器和管乐器演奏出的节拍与旋律。

但是，安申星球并非天堂。这里跟其他地方一样，年轻人也要为生活而拼搏，也要为寻找合适的伴侣而竞争，当然，也会坦然承认失败。这里跟其他地方一样，人的心理也会受到伤害，也会生病。同样，这里的人也会失去亲人，自己也不可避免会死亡。

"这里就是地球上的天堂。"乌雷舒展身躯，呼吸着黄昏沁人心脾的芳香空气。加莫、乌雷和柯基，三个年轻人坐在湖边，看着天空的奇异色彩逐渐暗淡，品尝着一枚大贝壳盛装的美味水果。

"这个天堂不在地球上，"柯基打了个呵欠，"除此之外，你的话完全正确。"

乌雷没有理会柯基，转向了加莫。"我们来到这里的最初几天，你和丹尼尔去了哪里？我无法感知到你们的存在。"

加莫凝视着湖面上反射的天空倒影，过了一会说："我们被传唤去法庭受审。"

"受审？因为什么？"

"因为我们在警察局利用传心术发动攻击。我们知道这是自找麻烦，但想不出别的办法。当时，你们生死攸关。"

"为正义而战。你们别无选择。"

"不管怎么说，我们的行为违反了星际基本法。我们被判有罪。"

"结果呢？"

"我被判在地球上幽禁40年，丹尼尔是17年，另外，还要在你们的平行宇宙里关押半年时间。很不幸，那个地方你们也进去过。"

"等一下，"乌雷说，"你刚才说的话逻辑不通。这一切都是从你在地球生活40年后才开始的。在那之后，大家才相遇，最终到了警察局。在犯罪之前，就先得到判决，这怎么可能？"

"我们的大脑无法理解这一点，"加莫说，"但是，安申人对时间的理解跟我们不一样。对他们而言，未来是注定好了的。因此，人的行为不仅受过去影响，而且也受未来影响。有时候，我会回想起自己与萨满一起受训的日子，他们对我说，终极快乐就是感受纯粹的现在。但是，这是一门艺术，只有最高级的人才能掌握。"

返回故乡的日子一天天临近。尽管这里环境优美、景色宜人，但是思乡的心情越来越迫切。此刻，他们才深深理解，加莫这么多年来在地球所受的痛苦有多大。

在最后的日子里，胡琪和丹尼尔待在一起，沉浸于两个人的世界。

"尽管你有35岁，但看上去还不错，"她取笑说，"你第一次走进教室时，我就觉得你与众不同。在孤儿院的时候，你有没有想过，自己并不是一个普通人？"

"没有。直到那晚在棚屋与加莫发生激烈争吵，我才意识到这一点。我试图用传心术跟他交流，结果却出乎意料。在那里，我第一次感到快乐。跟你们一起研究星际飞船，我真的很开心。更重要的是，是你俘获了我的心，用你的活力，用你的智慧……当然，你知道，在这里我什么也藏不住。我被你的魅力征服。在瑞域星球，我很早就被社会高层的萨满选出来，负责寻找外星文明。这就杜绝了我与女孩相遇的可能性。那时，我不想离开你，但是我别无他法。我在地球上的使命是拯救加莫，而不是为了爱情。"

"这么说，过几天，我们真要永别了？"胡琪哀伤地说，满心希望丹尼尔会说"不"。

丹尼尔抓过她的手放在自己手里，望着她的眼睛，柔声说：

"是。"

本书提到很多著名的科学家。请再认识一位：斯蒂芬·霍金。上天虽然剥夺了他的行动能力，但是赋予他一个天才的头脑。霍金提出很多理论，其中一个概念是"虚时间"。虽然在某种程度上该概念论述得还不够清晰，但是却很有意思。你可以自己做出判断。

虚时间

在本书前面部分，我们提到了时空的概念，整个世界都受其约束。时空由2个空间坐标和1个时间坐标构成。但是，霍金把时间与空间坐标同等看待，由此提出了"虚时间"的概念。根据霍金的观点，所有4个坐标的地位完全相同。

如此一来，我们就可以在时间中朝任意方向旅行，而不只是朝前。这一概念影响深远。霍金认为，我们这个宇宙是有限、封闭的，它没有过去，也没有未来；它并不进化；它没有开始，也不会终结；任何事情都是设定好的（图1）。因此，一个能感知四维世界的生物，就能够看到我们从生到死整个一生的每一个时刻。想到这一点，我们肯定会感觉不舒服。

为了更好地了解来自四维世界的怪物能够看到什么，我们把坐标数量从4个减少到3个（图2）。这里，我们可以看到一个二维男孩生活在三维世界里。第三维是虚时间，图中只记录他人生的一个片段，即1.5秒。他正在红绿灯前，绿灯刚刚亮起。他从零点时间开始迈步向前。

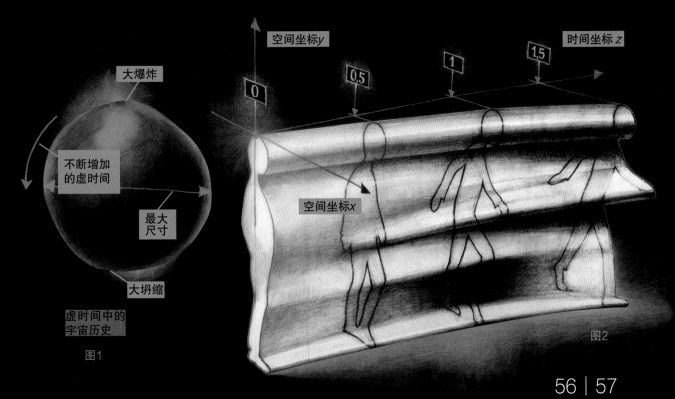

大爆炸

不断增加的虚时间

最大尺寸

大坍缩

虚时间中的宇宙历史

图1

空间坐标 y

时间坐标 z

0　0.5　1　1.5

空间坐标 x

图2

第五部分：能量

加莫和丹尼尔从破旧机车库房附近的外层空间通道入口离开仅几个小时后，乌雷他们就从安申星球回到了地球，夜幕已经降临。由于他们没有穿衣服，而通道入口距离公路旁的加油站不远，人多眼杂，问题有些棘手。所幸，那里距离份地花园也很近，通向花园的小径几乎没有人走。他们来到棚屋，把沙发罩、毯子和一些旧外套改造成衣服，然后，在夜幕掩护下，各自回家。胡琪没有钥匙，她按了按门铃。父亲来开门的时候，她不得不作出一番解释。不过，正如她在火车上表现的那样，她有极高的"随机应变"天赋。父母惊奇地发现她的衣着怪异，手表也不见了。更令人吃惊的是，她见到父母时竟然那么开心。

第二天上午，他们在学校见面时，都感觉头部好像被什么东西击打过一样，大家保持着沉默，实际上，对于其他人他们一句话也不想说。到了第三天，他们在学校食堂吃午餐。

"你们恐怕不相信，"胡琪边喝汤边说，"人人都说，高街出现了奇迹。成群结队的人赶往那里，在地上放置鲜花，并点燃蜡烛。他们都说，那里是一个神圣的地方，能看见绚丽奇异的彩带到处飘扬。"

"可是，安申人并不在这里，"柯基惊讶地说，"这件事肯定发生在平行宇宙。难道是巧合？"

"也许，那个萨满突然出现，以及随后我们离开，引起了大规模骚乱，甚至穿越到了这里，"乌雷说，"如果这里的人反响如此强烈，我在想，事发时那里会是什么样子？"

"我认为，任何事情都会被秘密警察掩盖下去，"柯基说，"他们会竖立禁止入内的牌子或拉警戒线，把那里与外界隔离。"

"他们不可能如此轻易就把高街封闭，"胡琪反驳道，"肯定有数千人目睹我们离开。他们像那样压迫民众，不知还能维持多久。也许，那样一件微不足道的小事足以使整个社会秩序轰然崩塌。我认为，安申人已经给那里的统治集团播下了反抗的火种。"

"听我说，"柯基坐在椅子上向后一靠，"我刚刚意识到，不仅仅是重大事件才能穿越到平行宇宙。就在我从家里取钱的那一天，我妈装有全部工资的钱包也被偷了。如果这样一件小事都能穿越，也许，平行宇宙的联系远比我们想象的更紧密。"

"偷你妈妈的钱，这是一件小事？"乌雷取笑说。

"算你走运。自从去过安申后，我就没那么容易生气了。"柯基说。

"没看出来。"

"闭嘴，不然，我一脚踹死你！"

"柯基又恢复老样子了，谢天谢地。"乌雷哈哈大笑，机敏地躲过柯基扔来的一颗土豆。

白昼渐短，落叶簌簌。每天晚上，柯基和乌雷又开始在棚屋忙活起来。他们迷上了一种新玩意——计算机。计算机不再是既笨重又昂贵、需要配备空调设备的电路系统。他们设计的计算机能够方便地放在桌子上，并且能够与黑白电视连接起来。他们使用基础语言编写简单的程序，还打算利用自己攒下的钱购买时兴的软盘，以取代过时的磁带。胡琪时不时也来造访。

"嗨，露西，瞧瞧这个，"两个男生自豪地说，"这个代表着未来。也许，我们能够自己利用旧零件造出一台更强大的计算机，甚至能够大批量生产。"

"那有什么用？"胡琪不以为然，"普通人为什么要买计算机？谁需要做那么复杂的运算？除了古怪的科学家或数学家，没有人会买的。"

"你错了。你可以用来娱乐。你可以用来玩游戏、撰写书稿或创作歌曲。我们还把两台计算机与学校的网络连接起来。有些计算机甚至能利用电话线进行远距离通信。你这方面有专长，现在却不再感兴趣，真可惜。"

放假期间，胡琪决定离开数学和物理学校。柯基和乌雷都曾劝她留下来，但是没有成功。胡琪对物理、太空旅行甚或其他科技进步都失去了兴趣。她现在在上一所传统的文法学校，学习非常用功，但是还没想好将来要做什么。她经常到乡下去做短途旅行。在一次旅途中，她邂逅了一个名叫萨姆的年轻男子，比她年长三岁。萨姆温文尔雅，经常逗她开心。胡琪跟他在一起，感到很愉快。她知道自己必须忘掉丹尼尔，便答应跟萨姆一起去看电影。电影院上映的是一部科幻新片。故事发生在太空中，星球间战事频发。它既不是系列片中的一部，也不是某部电影的续集，却被莫名其妙地标称为"第四部"（此处暗指电影《星球大战》系列，该系列先拍正传一、二、三部，后来才拍前传一、二、三部，因此，正传第一部编号为第四部）。

胡琪不喜欢这部电影，主要是因为编剧根本没有考虑到物理学的定律，不过，她并没有向萨姆提及。随后，两人坐在一个咖啡馆，萨姆喝茶，胡琪要了一杯水。

过了一会，萨姆说："真会胡说八道！你们设计的飞船尽管行不通，却也比电影里的好多了。"

胡琪感到脊梁骨一颤。"你会传心术？"她低声问。

"现在不会了，"萨姆答道。"而且，我也不再是萨满。"

一阵沉默。胡琪双手捂住脸，眼泪掉落到桌子上。

"你冒的风险太大了！依你现在这样，要是没有引起我的注意，你该怎么办？要是我拒绝，你又该怎么办？"

"如果某件事对一个人极其重要，那么不冒风险是绝对不行的。我现在不会用传心术，也没打算用。"

"你在这里多久了？"

"自从六岁到现在。这一次，我的童年很幸福。我的养父母心地善良。我希望把你介绍给他们认识。"

"你知道，加莫曾经说，地球现在正处于黑暗时代。在这样一个前途未卜的时代，你不介意吗？"

"如果你肯说'是'，愿意跟我在一起，"萨姆说，"那么我生活的世界就是天堂。"

"是。"

当一位长者说，他年轻的时候，一切都比现在好，这让你感到很不快。但你千万别跟他争论，因为他说得对。

熵和时间之箭

我们如何才能区分过去与未来？物理学所有基本定律都具有时间对称性，时间流逝的方向对它们没有影响。然而，某些现象只能朝一个方向运动，例如，熵的增加。熵是一个表示混乱或不确定性程度的量。例如，你决定打扫自己的房间，从而减少它的混乱度。然而，你在打扫时，就会消耗一定的能量，这部分能量变成热量，从而增加分子的混乱度。这意味着，房间里熵的总量就会比原来高出很多倍（当然，这并不是说，你不用保持室内整洁）。因此，熵增是决定时间流逝方向（所谓的"时间之箭"）的现象之一，从而把未来与过去区分开来。一个玻璃杯被打碎后碎片散落一地，碎片不可能再复原成玻璃杯，回到桌子上。但是，这个世界还有其他一些"时间之箭"，例如"宇宙时间之箭"，它指向宇宙膨胀的方向，或者"心理时间之箭"，它不允许人记得未来。

那么，这是否意味着我们不可能穿越回到过去？几乎可以肯定地说"不能"。如果想要回到过去，我们就会违反很多物理定律，尤其是物质守恒定律。我们还要打破因与果之间的关系。最重要的是，我们的速度必须超过光速。

等一下！在白色页面，故事中几个人不是能够在时空中自由穿梭吗？是的，他们能。

尾声

　　一本关于现代物理学的书最终演变成一个浪漫爱情故事。故事唯一缺失的部分是，夫妇俩在沙滩上漫步走向夕阳。但是，不要看着我，这不是我的错。这个故事在外层空间流传，我只是把它收集整理一下。外层空间不仅是一个时空隧道，能够让你在太空任意旅行，而且是一个气势恢宏的殿堂，充满着尚未描绘的艺术、尚未动笔的书稿、尚未谱写的乐曲，还充满着未来的科学发明和发现。大门已经敞开，道路已经指明。你只需要具备：才智过人，想象力丰富，心灵纯洁。

参考书目：

GAMOW, George. Pan Tompkins v říši divů. (Mr. Tompkins in Wonderland.) Translated by J. Bičák a J. Klíma. Prague: MLADÁ FRONTA, 1986. 232 s.

GREENE, Brian. Skrytá realita paralelní vesmíry a hluboké zákony kosmu. (The Hidden Reality. Parallel Universes and the Deep Laws of the Cosmos) Translated by L. Motl. Prague – Litomyšl: Nakladatelství Paseka, 2012. 360 s. ISBN 978-80-7432-205-1

HAWKING, Stephen W. Stručná historie času. (A Brief History of Time.) Translated by V. Karas. 2nd Edition. Prague: Argo, 2007, 202 s. ISBN 978-80-7203-946-3; Prague: Dokořán, 2007, 202 s. ISBN 978-80-7363-144-4

HIGHFIELD, Roger; CARTER, Paul. Soukromý život Alberta Einsteina. (The Private Lives of Albert Einstein.) Translated by D. Provazník. Prague: NLN Nakladatelství Lidové noviny, 1994. 268 s. ISBN 80-7106-060-7

KARAMANOLIS, Stratis. Albert Einstein – teorie relativity pro každého. (Albert Einstein – the Theory of Relativity for Beginners.) Translated by S. Abraham. Prague: Sdružení MAC, 1994. 95 s. ISBN 80-901839-0-5

目录

图书在版编目（CIP）数据

离开地球：现代基础物理的神奇之旅 ／（捷克）马丁·索多姆卡著；刘勇译. — 长沙：湖南科学技术出版社，2023.4
ISBN 978-7-5710-1570-1

I.①离… II.①马… ②刘… III.①物理学—普及读物 IV.①04-49

中国版本图书馆CIP数据核字(2022)第090961号

LIKAI DIQIU XIANDAI JICHU WULI DE SHENQI ZHI LÜ

离开地球　现代基础物理的神奇之旅

著　　者：[捷克] 马丁·索多姆卡
译　　者：刘　勇
出 版 人：潘晓山
责任编辑：刘　英　李　媛
出版发行：湖南科学技术出版社
社　　址：长沙市芙蓉中路一段416号泊富国际金融中心
网　　址：http://www.hnstp.com
湖南科学技术出版社天猫旗舰店网址：
　　　　　http://hnkjcbs.tmall.com
邮购联系：0731-84375808
印　　刷：湖南天闻新华印务有限公司
　　　　　（印装质量问题请直接与本厂联系）
厂　　址：长沙市望城区湖南出版科技园
邮　　编：410219
版　　次：2023年4月第1版
印　　次：2023年4月第1次印刷
开　　本：889mm×860mm 1/16
印　　张：5
字　　数：72 千字
书　　号：ISBN 978-7-5710-1570-1
定　　价：48.00元
（版权所有·翻印必究）